新一代信息科学与技术

# Flexible-Link Manipulator

## Modeling, Analysis and Control

# 柔性臂机器人

ROUXINGBI JIQIREN

## 建模、分析与控制

JIANMO FENXI YU KONGZHI

吴立成 杨国胜 郄新凯 孙富春 著

高等教育出版社·北京
HIGHER EDUCATION PRESS BEIJING

内容提要

本书主要介绍柔性机器人(包括柔性冗余度机器人和柔性臂空间机器人)建模、运动学/动力学分析、轨迹规划、振动抑制与轨迹跟踪控制的若干方法。全书共分8章,包括绪论、柔性臂机器人动力学建模、柔性臂空间机器人动力学建模、柔性冗余度机器人动力学分析、柔性双臂空间机器人运动学分析、柔性双臂空间机器人轨迹规划、柔性臂空间机器人抑振轨迹规划和柔性臂机器人控制。书中给出了一个柔性双臂空间机器人和一个两连杆柔性机器人的完整的动力学方程,并对所介绍的理论方法给出仿真实例。

本书适合作为高等学校相关专业研究生的学习参考书,也可供从事机器人研究和应用的科技工作者参考。

**图书在版编目(CIP)数据**

柔性臂机器人:建模、分析与控制/吴立成等著.—北京:高等教育出版社,2012.4

ISBN 978-7-04-034692-3

Ⅰ.①柔… Ⅱ.①吴… Ⅲ.①柔性臂-机器人 Ⅳ.①TP242

中国版本图书馆CIP数据核字(2012)第027562号

策划编辑 陈红英　责任编辑 陈红英　封面设计 张 楠　版式设计 杜微言
责任校对 殷 然　责任印制 田 甜

| | | | |
|---|---|---|---|
| 出版发行 | 高等教育出版社 | 咨询电话 | 400-810-0598 |
| 社　　址 | 北京市西城区德外大街4号 | 网　　址 | http://www.hep.edu.cn |
| 邮政编码 | 100120 | | http://www.hep.com.cn |
| 印　　刷 | 北京嘉实印刷有限公司 | 网上订购 | http://www.landraco.com |
| 开　　本 | 787mm×1092mm 1/16 | | http://www.landraco.com.cn |
| 印　　张 | 9.25 | 版　　次 | 2012年4月第1版 |
| 字　　数 | 130千字 | 印　　次 | 2012年4月第1次印刷 |
| 购书热线 | 010-58581118 | 定　　价 | 39.00元 |


物 料 号 34692-00

# 前言

随着机器人性能要求的提高，研究轻质、重载、高速、高精度、高灵活性、高适应性、智能化的机器人已成为时代的需要。考虑机器人结构柔性，充分研究柔性机器人，是运用满足轻质、高速等性能要求的机器人的前提。但由于柔性连杆机械臂导致系统动力学行为复杂，其建模与控制等方面都需要在已有的机器人学理论基础之上研究新的有效方法。

机器人一般为开链机构，冗余度机器人机构链较长，必须考虑柔性以保证精度。而柔性机器人要具有高灵活性和适应性，也必然会从一杆发展到多杆，再到运动学冗余。因此将柔性机器人和冗余度机器人的研究结合起来，即研究柔性冗余度机器人是很有必要的。

空间机器人一般具有质轻、臂长和负载大等特点，必须考虑臂杆柔性才能获得良好的控制精度和性能。在太空失重状态下，往往要求自由飞行空间机器人必须是多臂型，以便能完成复杂的任务。因此研究柔性臂空间机器人，尤其是多柔性臂空间机器人也具有非常重要的实践意义。

为便于感兴趣的科研和技术人员学习和了解包括柔性冗余度机器人和柔性臂空间机器人在内的柔性臂机器人研究现状和一些重要的研究和分析方法。作者大量分析和总结了领域内各类最新文献，并以作者的博士论文、博士后出站报告以及国家自然科学基金项目研究成果等为基础，系统性地选择柔性机器人、柔性冗余度机器人或柔性臂空间机器人建模、运动学/动力学分析、轨迹规划、振动抑制与轨迹跟踪控制等方面的若干重要内容，著成此书。

本书自动笔至脱稿，历时近两年。其间为之殚精竭虑，一心要精益求精并早日付梓以飨读者。今终尝所愿，又因虑及作者水平有限，书中错误与遗漏难免，而惴惴之心油然。惟有恳请广大读者不吝批评指正为盼。

作者

2011 年 10 月

# 目录

# 第1章　绪论

自古以来，人们就幻想着制造某种与人类自身所具有的功能相似的机器装置。我国古典名著《三国演义》中诸葛亮制作木牛流马运送粮草的故事，就是这种幻想在文学作品中的体现。人类真正开始实现这一幻想，对机器人技术展开广泛研究却是近几十年的事，并且现在所说的机器人一般指工业机器人。自1961年第一台商用工业机器人Unimate问世以来，机器人因其广泛的应用背景得到了迅猛的发展。机器人技术成为当今高科技发展的一个重要方向。机器人学作为研究机器人及其相关技术的科学，也已成为涉及机械、电气、计算机、传感器和人工智能等多个领域的综合性学科。

近几年来，航空航天等领域对机器人的性能提出了越来越高的要求。研究轻质、重载、高速、高精度、高灵活性、高适应性、智能化的机器人已成为时代的需求。要满足轻质、高速等要求，就必须对机器人的结构柔性进行研究，即研究柔性机器人。机械臂中的柔性可能出现在关节和连杆两个地方。关节的柔性一般可以看成是扭曲的弹簧。如传动系统认为是柔性的，则柔性可能是由减速器、轴杆、传动链引起的。连杆的柔性可能是由连杆的扭曲、弯曲和拉伸引起的。由于柔性连杆机械臂所涉及的问题更复杂，而应用对其需求也更高，除空间机械臂外，即便是普通的地面用途的机械臂，当机械臂高速运行、其连杆做得很长或末端负载较重时，连杆的弹性和可能激发的振动就成了不可忽略的因素。连杆弹性的存在不但使得机械臂的控制变得困难，而且易激发结构共振导致系统损坏。由于柔性连杆的机械臂的建模和控制比柔性关节机械臂的建模和控制更复杂，因此，在理论上柔性连杆机械臂的研究应吸引更多的注意力。

要使机器人具有高灵活性和高适应性，机器人应具有较多的自由度，甚至自由度冗余而成为冗余度机器人。一方面,柔性机器人要走向实用,要具有高灵活性和适应性,必然会从一杆发展到多杆,再发展到运动学冗余。另一方面,机器人一般为开链机构,冗余度的要求使机器人机构链增长,忽略柔性变形将很难获得高精度。另外,冗余度机器人所具有的冗余特性还可用来改善柔性机器人的柔性效应。因此,有必要将柔性机器人和冗余度机器人的研究结合起来,即研究柔性冗余度机器人。这一领域的研究有望获得满足轻质、重载、高速、高精度、高灵活性、高适应性等要求的高性能机器人,因此具有重要的研究价值。国内外已有众多学者开始了这一新领域的研究,并取得了不少有价值的理论研究成果。

空间机器人一般具有质轻、臂长和负载大等特点,必须考虑臂杆柔性才能获得良好的控制精度和性能。因此,目前国际上已有许多文献研究了柔性空间机器人的建模与控制问题,对柔性多臂空间机器人系统的研究则还刚刚开始,但显然将成为进一步研究的重要方向和热点。在太空失重状态下,物体(包括机器人本身)都处于自由飘浮状态,要完成比较复杂的操作就要求自由飞行空间机器人必须是多臂型,其中至少一只操作手臂稳定工件,其余操作手臂用来完成操作任务。空间机器人多臂协调系统能提供更高的负载能力,并能完成复杂的装配任务,为空间机器人提供更大的操作灵活性。因此,近年来国内外对自由飞行空间机器人的研究一般都是基于多臂型来进行的,其中双臂型具有典型意义,因此被广泛采用。

综上所述,本书将分别讨论柔性连杆机械臂、柔性冗余度机器人及柔性双臂空间机器人的建模、运动学分析、动力学、振动抑制的轨迹规划和轨迹跟踪控制方法等方面的内容。

## 1.1　柔性机器人研究现状

柔性机器人由于其高速、低耗、质轻等特点,在空间机器人等应用领域占有重要地位。因此,近年来对柔性机器人的研究受到广泛的关注。由于柔性机器人是无穷维连续分布参数系统且存在较大的变形,其运动规律与刚性机器人存在本质上的差别,因而在动力学建模和控制中均需采用不同的方法。从本质上说,柔性机器人必须用无穷维连续分布参数模型来描述,而实际上对分布参数系统的控制往往只能基于有限维模型进行设计。因此,如何建立恰当的、行之有效的模型，并据此设计高性能的控制器，是柔性机器人研究中面临的两个主要问题。目前，在柔性机器人建模和控制的研究仍存在很多极富挑战性的课题。

### 1.1.1 柔性机器人动力学建模

柔性机器人的结构柔性包括关节柔性和连杆柔性。关节柔性指机器人传动机构和关节转轴的扭曲变形，通常用集中参数模型描述。连杆柔性则指机器人连杆的弹性变形、剪切变形等，通常需用偏微分方程所代表的分布参数模型加以描述。

在柔性机器人的动力学建模中，使用的力学原理多种多样。其中，拉格朗日方法是最常用的方法之一[1-8]。它将普通连杆视为具有有限自由度的系统，然后用拉格朗日方程写出动力学方程。Low 等建立了由柔性前臂和刚性后臂组成的双连杆柔性机器人的动力学模型，得到一组非线性积分-微分方程[2]。Siciliano 等对多连杆柔性机器人建模得到的封闭形式的动力学方程具有一定的通用性[1]。Matsuno 等在拉格朗日方法的基础上结合扩充 Hamilton 原理进行建模[3]。Marco 等指出了拉格朗日方法结合假设模态法建立的动力学方程的一些重要性质[7]。Cetinkunt 等研究了如何使用符号推解软件(REDUCE 软件)进行柔性机器人的拉格朗日方法建模[8]。

基于 Hamilton 原理建模是另一种常用的方法[9-11]。它将连杆视为连续体，写出对应的 Hamilton 原理形式，导出相应的数学方程和边界条件，再利用试函数(trial function)的适当组合来逼近系统方程的解。用这种方法，Benati 和 Morro 讨论了 $N$ 根柔性连杆组成的柔性机器人动力学方程的建立问题，方法具有通用性[9]。Choi 等建立了由两根刚性杆和一根柔性杆组成的三连杆柔性机器人的动力学模型，并用辛流形等数学工具讨论了方程的非线性特征[10]。

有限元法是振动分析中一种应用广泛且行之有效的数值分析方法[12-19]。它将一个复杂结构抽象成为由有限个单元在有限个节点处对接而成的组合结构，其中每个单元都是一个弹性体，单元的位移用节点位移的插值函数表示。柔性连杆机器人是典型的复杂结构，其弹性振动也可用有限元来分析。Chang 等的工作具有一定的代表性[12]。Edelstein 等的研究对两杆柔性机器人进行了仿真[19]。有限元模型非常复杂，计算效率很低，一般只限于研究单杆柔性机器人或对柔性机器人系统进行分析。

迄今为止,对柔性机器人建模,一般都从拉格朗日方程和/或 Hamilton 原理出发,所得到的模型往往是一组高度非线性的积分-微分方程,求解十分困难。为此,便有了各种简化、处理和求解的方法和算法,如假设模态法(assumed-mode method)、拟静态处理法(quasi-static task)、连续积分法(sequential integration method)、线性化法(linearization)、有限元法(finite-element method)、旋量代数法(ratational algebra)等。但即使经过这些简化处理,方程的求解仍很复杂且困难,因此,建立满足实时控制要求的动力学方程是柔性机器人发展的关键之一。

另外,使用人工神经网络来逼近模拟柔性机器人的动力学逆模型,也应算是建模方法的一种。如 Sandeep Jain 等使用遗传算法作为神经网络的学习算法,实现了单杆柔性机器人动力学逆模型的神经网络逼近[20]。这一方法能获得计算效率非常高的模型,但其精度稍差,并且收敛速度慢,目前还只能应用于结构较简单的一杆、两杆柔性机器人。

### 1.1.2 柔性机器人动力学控制

设计和制造柔性机器人的主要目的之一,是期望获得较高的运动速度和高精度的控制性能。这对机器人的控制器提出了较高的要求。而柔性机器人的结构柔性又给系统的建模和控制带来了困难。因此,柔性机器人的动力学控制成了一个极富挑战性且亟待解决的问题。

轨迹跟踪控制是机器人控制的基本任务之一。刚性机器人的轨迹跟踪控制研究已经比较成熟,且已广泛用于工业机器人的生产实际[21-25],而柔性机器人的轨迹跟踪控制刚刚起步。原因之一是由于柔性部件产生的弹性变形将引起机器人末端执行器的轨迹误差并产生高频振动。振动抑制和误差补偿是柔性机器人控制中面临的两个主要问题。为了抑制甚至消除柔性机器人的末端振动,人们进行了大量的研究。

经典控制方法由于理论成熟且易于实现而得到了应用。Yigit 曾经对柔性机器人系统的独立关节 PD 控制问题展开了研究,论证了系统的稳定性,可保证系统在受到有限摄动时仍能稳定工作[21]。Yim 对两个刚性杆和一个柔性杆组成的机器人进行了研究,给出了所谓柔性机器人的逆笛卡儿轨道跟踪控制策略,并讨论了镇定器的设计问题[23]。上述方法都在一定程度上改善了柔性机器人连杆末端的振动。

反馈线性化是另一类常用的方法[26-29]。这种方法通过非线性反馈或动态补偿等方式将非线性系统变换成线性系统,然后再按线性系统的理论完成系统的各种控制目标。Wang 等讨论了含单柔杆的多杆机器人的反馈线性化问题[26],[29]。结果表明,对于所研究的一类柔性机器人,不能实现输入-状态反馈线性化,但可实现输入-输出反馈线性化。Khorrami 等提出了一种阶段控制方法,能提高系统的控制性能和对参数变化的鲁棒性[28]。Vandegrift 等研究了多杆柔性机器人连杆位置与速度的非线性反馈控制问题,控制性能有很大的提高[29]。

其他方法还有奇异摄动法和非线性补偿控制等[30-38],这都是基于模型的方法。为了消除模型不确定性及外部扰动等带来的影响,学者们采用了自适应控制、变结构控制等鲁棒控制方法。Lucibello 等对双杆柔性机器人进行了非线性自适应控制研究[34]。Madhaven 和 Singh 提出了一种控制双连杆柔性机器人的变结构算法,但未讨论如何消除或抑制变结构控制中的抖振现象[35]。Austin 等进一步改善了抖振的问题[38]。

智能控制方法由于能根据环境自主地调整控制规律而特别适合于不确定性系统的控制[39-43]。由于柔性机器人的动力学模型非常复杂,基于模型的控制方法常因模型不准确而无法获得预期的控制效果。智能控制可克服这些弱点。常见的智能控制方法如模糊控制、神经网络控制和递阶控制等也已用来研究柔性机器人控制,以消除和减弱因动力学模型的误差。Kubica 等提出了一种模糊控制策略,采用 PD 型推理规则和全状态来控制单杆柔性机器人的刚体运动和一阶扰曲振形[39]。Moudgal 等采用直接模糊控制和基于规则的专家控制构成双层递阶结构对两连杆柔性机器人进行控制,取得了良好的控制效果[40]。

## 1.2 冗余度机器人研究现状

由于冗余度机器人具有的优良特性,国内外许多学者都对之进行了系统而深入的研究,迄今已成为机器人学研究中的一个重要方向。冗余度机器人的突出特点是:对于机器人末端的一个位形,其对应的关节空间解有无穷多,即具有冗余特性。利用冗余特性,可以根据实际需要确定性能指标,从而得到期望目标下的优化解。因此,从控制的角度来说冗余度机器人研究的核心是冗余优化方法。这包含两个主要问题:优化策略的选择和优化策略的数学计算实现。前者包括优化目标的确立和优化方法的选择;后者包括雅可比矩阵广义逆的求解和优化算法的具体计算实现。围绕这两个主题,人们对冗余度机器人的运动学优化、动力学优化及雅可比矩阵伪逆求解等问题进行了广泛而深入的研究。

### 1.2.1 冗余度机器人优化目标及优化策略

冗余度机器人优化控制方法的基本思路是:首先根据机器人的实际工作需要确定期望的性能指标,即确定优化目标;然后将优化目标变换成以"自运动"向量为自变量的函数式;最后选择合适的计算方法,即优化策略,确定出最优的"自运动"向量。根据这一思路,人们对多种优化目标进行了研究。

冗余度机器人的运动学优化以机器人系统的运动学参数为优化目标。最初,运动学优化围绕提高灵活性、避障、避奇异和限制关节角极限等单目标进行。在灵活性的研究中,Yashicawa 通过定义可操作度指标定量描述了机器人灵活性的大小[44];Klein 等人对数种有关灵活性的指标进行了比较[45]。奇异位形是影响机器人灵活性的重要因素,针对这一问题,Kircanski 等人以操作度作为指标对避奇异进行了研究,取得了较好的效果[46]。避障是机器人灵活性的重要应用。在避障的研究中,Maciejewski 和 Khatib 提出了势函数法[47,48];Kircanski 将势函数法修改为罚函数法[49];Boddy 通过对多障碍物时的避障问题的研究,提出了避障的一般方法[50]。在避关节角极限的研究中,Liegeois 和 Zghal 建立了避关节角极限的优化指标[51,52];Dubey 以梯度法对此指标进行了优化[53];Chan 用加权最小范数解与梯度法优化效果进行了对比[54]。继单目标优化之后,人们对多目标优化进行了研究。最初,Maciejewski、Fenton、Nakamura 等只是把各单目标简单相加[55,56],随后,Cleary 和 Pamanes 引入了指标的权系数,从此开始了对权系数确定的研究[57,58]。Nakamura 和 Walker 以子任务优先权的方法确定权系数[59];McGhee 以概率统计的方法确定权系数[60];李鲁亚提出子优化度和综合优化度的概念,可实现权系数的实时决定[61]。

冗余度机器人的动力学优化以机器人系统的动力学参数为优化目标。动力学优化实现起来远比运动学优化困难,至今仍有很多问题未得到解决。

目前,动力学优化主要围绕对机器人动能和关节力矩的优化展开。Whitney以惯量加权伪逆优化关节速度时,实际上具有动能优化的效果[62]。Khatib的研究可实现动能的最小化,对动力学优化做出了开拓性的贡献[63]。在对关节力矩的优化中,Hollerbach对关节力矩最小的局部优化控制进行了研究[64];Kazerounian通过拉格朗日乘子法导出了关节力矩最小二乘问题的求解方法[65]。

冗余度机器人的运动学和动力学同时优化可使机器人具有更好的性能,但同时优化的问题至今未得到完善的解决。Maciejewshi仅分析了动力学与运动学性能之间的关系;Eppinger只定性地提出了动力学优化设计中应考虑的某些准则。除运动学和动力学优化外,位置/力控制优化也得到了较深入的研究,Khatib、Chen、Fisher等的工作具有一定的代表性[66-68]。在容错优化控制的研究中,Lewis和Ting等做出了多方面的探索[69,70]。

### 1.2.2 冗余度机器人优化算法的实现

优化方法是运筹学的重要组成部分,主要包括线性规划、非线性规划和动态规划等规划方法。对每种规划模型,在解析计算和数值计算方面都已经有比较成熟的方法可用。但是,目前实用的方法几乎都是基于微分极值原理的梯度投影法。

在冗余度机器人优化算法的实现中,求解雅可比矩阵的广义逆是不可回避的难题,因为矩阵广义逆的求解本身就是一个亟待解决的数学问题。目前,雅可比矩阵广义逆的计算通常由奇异值分解来完成[71]。这是十分复杂的计算过程。为简化计算,人们进行了多方面的尝试。Hsia基于级数理论提出了一种快速的递推方法[72];Dubey提出了用分解雅可比矩阵进行计算的方法[73];李鲁亚研究了雅可比矩阵分解的原则[74]。刘永超等尝试采用了遗传算法作为优化算法进行机器人运动学逆解[75]。Wang等使用反馈神经网络实现了冗余度机器人的运动学逆解[76]。

### 1.2.3 柔性冗余度机器人研究现状

前已述及将冗余度机器人和柔性机器人研究结合起来,即研究柔性冗余度机器人具有重要意义。由于冗余度的引入,柔性冗余度机器人具有冗余特性,因而可进行冗余优化控制。这是区别于非冗余度柔性机器人的一个重要特征。柔性冗余度机器人的优化目标主要在于克服结构柔性造成的振动和跟踪误差等不利影响。这是一个新的研究领域,已有的研究成果还比较少[77-84]。

首次对柔性冗余度机器人的冗余特性进行深入研究的是 Nguyen 等,是在 1992 年进行的工作[78]。他们的研究表明,冗余特性在很多情况下可用来减轻振动。他们还设计一种闭环控制算法,使机器人在精确跟踪给定轨迹的同时,能够消减柔性引起的振动。这种控制算法实质是通过选择合适的"自运动",使机器人系统的激振力为零,从而使机器人系统的振动成为自由振动而很快衰减。他们还深入讨论了冗余度数和柔性自由度数之间关系对抑振效果的影响。Nguyen 等的工作为柔性冗余度机器人的控制研究做出了开拓性的贡献。此外,Baillieul 等对具有柔性关节的冗余度机器人进行了研究[79]。Kuo 等提出了求解冗余问题时将关节视为扭簧的有限方法(finite method)[80]。

国内的岳士岗利用有限元方法进行动力学建模,对柔性冗余度机器人的特性、设计等问题进行了较系统的研究和讨论[81]。北京航空航天大学陆震教授领导的课题组在这一领域进行了研究,其中,何广平[82]、边宇枢[83]、吴立成[84]等做出了很多有价值的成果。

## 1.3 空间机器人研究现状

国际上对自由飞行空间机器人的大量研究是在 20 世纪 80 年代初开始的。1983 年的一个 NASA 报告[85]首次提出应该建立一种可以在空间自由飞行,完成卫星的补给、修理、捕捉等操作的空间机器人系统,并给出了一个叫做 Telepresence Servicer Unit 的概念设计。之后美国、日本、加拿大、德国等发达国家高度重视该问题,相继拨出专款,建立了一些试验平台,如 MIT 的卫星机器人模拟车、Stanford 大学的双臂空间机器人和日本东京大学的空间机器人系统等,对自由飞行空间机器人的动力学、运动规划、非完整特性、协调控制和轨迹跟踪控制等问题进行了大量的研究[86,87],也取得了许多有价值的成果。

1993,德国成功地实验了世界上第一个遥控操作空间机器人系统——ROTEX,实现了空间站组装、更换零件和捕捉自由飘浮卫星等简单任务。

1997 年，日本发射的 ETS－VII(The Seventh Engineering Test Satellite)，则首次初步实现了所谓空间智能机器人系统(Space Applications of Automation, Robotics and Machine Intelligence Systems，ARAMIS)的概念。ETS－VII 在太空完成了会合、对接、燃料加注、零件及电池更换、目标卫星的追踪和捕捉等一系列试验。实验表明，ARAMIS 的概念是可行的，但还存在许多有待研究和完善的问题。ETS－VII 具有较高的自主性，运用了以人工智能为核心的高技术，包括空间运动模型、捕捉目标的机械臂路径规划、双臂协调和视觉信息的实时处理等技术。

国内哈尔滨工业大学建立了自由飞行空间机器人地面试验平台，航天科技集团 502 所建立了吊丝配重空间机器人实验系统等，也进行了大量相关研究，但目前国内的研究一般还只是基于空间机器人的运动学模型进行运动规划与控制。

## 1.3.1 空间机器人运动学与动力学建模

由于地面很难真实模拟太空环境，根据空间机器人的运动学及动力学模型进行理论研究和仿真是非常重要的。建立系统的运动学和动力学模型，编写相应的正/逆动力学及控制仿真程序，往往是进一步开展研究的基础。

日本的 Y. Umetani 和 K. Yoshida 首先通过对整个机器人系统引入动量守恒定律，提出了描述空间机器人微分运动学的广义雅可比矩阵[88](generalized Jacobian matrix，GJM)。其后，R. Mukherjee 和 Y. Nakamura[89]，K. Yamada 和 K. Tsuchiya[90]，Y. Yokokohji 和 T. Toyoshima[91]等人采用不同方法也推导得出了 GJM。GJM 可广泛应用在分解运动速度控制[92]、装置雅可比控制[93]及非完整路径规划、最小本体扰动轨迹等问题中。从描述空间机器人的几何结构出发，Z. Vafa 和 S. Dubowsky[94]提出了虚拟机械臂(virtual manipulator，VM)的概念，当研究点为系统各分体的质心时，VM 各杆的长度实际上等于 Fischer 提出的增广体矢量的模。VM 可用于简化空间机器人系统的运动学分析、工作空间计算和路径规划方法等，并有助于分析、设计和控制空间机器人系统[86,94,95]。E. Papadopoulous 和 S. Dubowsky[96]提出了基于拉格朗日方程的动力学模型，用于描述系统运动过程中速度、加速度和力矩的关系。

### 1.3.2 空间机器人动力学奇异与工作空间分析

描述空间机器人微分运动学的广义雅可比矩阵不仅与杆长、关节角等机器人结构参数相关，还是质量和惯性矩等系统动力学惯性参数的函数，因此，空间机器人的运动学奇异与系统动力学惯性参数有关，称为动力学奇异(dynamic singularities，DS)。E. Papadopoulous 和 S. Dubowsky[96,97]首次指出动力学奇异问题的存在，并指出动力学奇异点不仅与关节角的当前值有关，在任务空间中还与关节运动的整个路径有关。因此，动力学奇异使空间机器人运动规划和工作空间分析变得十分复杂。在控制方面，只有空间机器人工作路径上无动力学奇异点，才可采用类似地面机械臂的控制算法[92]。Xi 等[98]提出用机械臂的雅可比矩阵代替系统的 GJM 实施运动控制，这种方法能减少奇异点出现的机会，但控制品质变坏，甚至发散。目前，动力学奇异点的分析和求解问题尚未得到解决，柔性臂振动显然将对动力学奇异点产生影响，但柔性振动与动力学奇异之间的关系问题尚待研究。

空间机器人本体位姿不固定，并可用推进系统进行控制，似乎具有无限的工作空间。但由于携带燃料的限制，实际也只能工作在一定空间之内。而且为节约宝贵的燃料，机械臂进行操作时，空间机器人系统往往工作在自由飘浮状态，此时工作空间不仅是结构尺寸的函数，还与各部分的质量分布有关。Longman[99]讨论了三自由度肘式空间机械臂的工作空间，Agrawal 等[100]简单讨论了双臂空间机械臂的工作空间。Dubowsky 等[96,101]用 VM 技术研究了空间机器人的工作空间问题，定义了路径无关工作空间(path independent workspace，PIW)和路径相关工作空间(path dependent workspace，PDW)的概念，认为路径无关工作空间是保证工作空间的一个子集，并举例求解了可达工作空间和保证工作空间。K. Yoshida 等[102]简单分析了刚性单臂空间机器人的工作空间，给出了一个和 Dubowsky 等的定义并不等价的保证工作空间定义。

对空间机器人而言，在路径无关工作空间中运动可避开动力学奇异点，因此可采用任何地面机械臂的控制算法[92]，因此，路径无关工作空间最为重要。但目前尚无路径无关工作空间的求解方法，柔性臂振动对工作空间的影响问题亦有待研究。

### 1.3.3 空间机器人本体位姿扰动控制

空间机器人机械臂与本体的运动相耦合,机械臂运动导致本体的位置和姿态产生变化,本体位姿变化会使雷达天线指向偏差,影响系统与空间站或地面的通信。控制本体位姿的最简单方法是开启本体位姿控制系统直接控制本体位姿。这种方法的最大缺点是消耗宝贵的能源,而且本体控制系统喷出的气体可能吹跑负载,末端接近负载时突然点火还可能导致碰撞。另一种方法是使用太阳能帆板驱动的反作用飞轮使本体姿态受控而位置自由。Longman 等[103]计算了机械臂工作时对本体的扰动力和力矩,为反作用飞轮的控制提供了依据。但太阳能帆板提供的能量较小,在对本体的扰动较大时飞轮极易饱和失效。Dubowsky 等[86,94,95,104]提出并改进了扰动图方法,以寻找最小本体姿态扰动路径。这种方法必须事先计算出详细的扰动图,这对于较复杂的空间机器人来说很困难。反作用飞轮的另一缺点是增加了机器人系统的质量和复杂性。

使用运动学冗余的机械臂可以在本体位姿不受控的情况下,保持本体位姿或姿态恒定。Nechev、Bruno 等[105-108]对此在动力学与控制方面作了详细研究。由于冗余机械臂杆件多,需要增加传感器、控制器及执行机构,增加系统总质量使发射费用大大提高,因此 9 自由度空间机械臂虽然理论完美但实际不可取。对多臂空间机器人,K. Yoshida 等[109]提出了双臂协调的概念,使用一个臂的运动补偿机械臂运动对本体姿态的扰动。S. K. Agrawal 和 S. Shirumalla[110]也提出了双臂协调的方案,但这种方法只能在有空闲机械臂时起作用。

目前多数的方法是让机器人工作在自由飘浮状态,通过控制机械臂的运动,在完成工作任务的同时使本体姿态不变或按期望规律转动。这就要利用空间机器人的非完整性进行非完整路径规划来实现。

### 1.3.4 空间机器人非完整路径规划

自由飘浮空间机器人系统动量矩守恒方程不可积(nonintegrable),因此是非完整(nonholonomic)约束系统。末端及本体位姿不仅取决于关节角的当前值,而且与关节角的整个运动轨迹有关。因此即使得到的目标关节角相同,不同的控制规律也将导致不同的本体和末端最终位姿,一般不存在关节角与末端和本体姿态之间的固定运动学关系。对于一个3维$n$关节自由度的空间机器人,末端位姿可用$n+6$个广义坐标来描述,其中有$n$个关节角坐标及6个本体坐标。机器人自由飘浮时,将线动量守恒方程及其积分形式(即质心位置守恒)代入描述方程,末端位姿可用$n$个关节角坐标及3个本体姿态坐标描述,其中本体姿态坐标是通过动量矩守恒方程与关节角坐标相关。因此通过规划控制$n$个关节运动,可以控制需$n+6$个广义坐标描述的空间机器人末端及本体位姿,这就是所谓的非完整冗余(nonholonomic redundancy, NR)特性。

Z. Vafa和S. Dubowsky[94,95,111]首次指出可以利用空间机器人的非完整特性,让机械臂作某种闭合运动,在不改变末端位姿的情况下调整本体姿态,给出了所谓自校正路径规划技术。之后非完整路径规划就成了一个空间机器人领域大量研究的问题。非完整路径规划在数学上可以看成是一个非线性控制问题,早期Y. Nakamura和R. Mukherjee[89,112,113]提出了双向规划的Lypunov函数方法,相对于Lypunov直接法,更不容易遇到奇异问题。Y. Nakamura和R. Mukherjee[114]对比了NR和运动学冗余之间的异同点,指出NR同样可用于实现避关节角极限或避障等优化目标。Papadopoulos[115]给出了利用NR避动力学奇异点的规划方法。M. Sampei等[116-118]研究了非完整路径规划及系统控制的离散时间方法。Yih等[119,120]也给出了根据离散状态方程的非完整路径规划方法。Nader等[121-123]研究了非完整路径规划的神经网络方法。1997年,Nakamura Y.等[124]提出了非完整路径规划的螺旋运动方法,将末端轨迹分成$n$个部分,每一部分都通过关节的闭合路径来实现,使末端以螺旋曲线的方式沿期望轨迹运行。

在非完整路径规划的各种方法中,离散方法只能用于机器人结构简单的情况,神经网络方法受网络学习能力、逼近效果及泛化能力的制约。Lypunov函数方法和环路积分(指螺旋运动或其他闭合运动)法较为有效,但它具有运算复杂、时间效率低等缺点,因此非完整路径规划问题仍是一个有待解决的研究热点问题,而柔性臂振动对非完整路径规划的影响尚无人进行过研究。

### 1.3.5　空间机器人计算机仿真

计算机仿真在机器人的研究中起着非常重要的作用[125]。对空间机器人而言，地面很难真实模拟太空环境，根据运动学及动力学模型进行计算机仿真研究非常重要。世界各国建立的空间机器人地面实验平台都配有相应的仿真软件，对机器人建模、运动规划及控制算法进行仿真研究。如 S. K. Agrawal 等[126]建立了研究自由飘浮空间机器人的仿真软件系统。

### 1.3.6 柔性臂空间机器人

目前对双臂型自由飞行空间机器人的研究已有一些初步的研究结果，但现有的工作仍然集中在机械臂为刚性的情形。而实际上，空间机器人由于要求体积小、质量轻，要使空间机器人具有比较高的性能，就必须考虑机械臂的柔性效应。柔性机械臂本质上是无穷维分布参数系统，存在臂杆弹性振动、非最小相位特性等问题，虽然国内外对柔性臂已经进行了大量的研究，但高性能的柔性臂建模与控制方法仍旧是个难题。目前已有一些文献研究了空间柔性机器人的建模与控制问题，但一般都是针对单臂空间柔性机器人并把地面柔性机器人的一些控制方法加以运用[127]。柔性双臂自由飞行空间机器人的运动学与动力学分析、建模与控制是有待研究的重要领域，目前这一领域的工作还刚刚开始，有关文献还很少见到。

对于柔性双臂自由飞行空间机器人系统，由于机械臂臂杆柔性振动与关节运动和基座运动相耦合，因此运动学及动力学行为十分复杂，建立简洁而又精确的模型非常困难，但可通过借鉴集成柔性机械臂建模及刚性空间机器人建模已有的方法来实现[128,129]。Zhao Huijiang[128]给出了柔性单臂空间机器人 GJM 的推导方法和动力学建模的 Hamilton 原理法。吴立成[129]建立了柔性双臂空间机器人的运动学和动力学模型，并进行了轨迹规划和逆动力学控制等方面的研究。

## 参考文献

[1] Siciliano B, Prasad J V R, Calise A J. Output feedback two-time scale control of multilink flexible arms. ASME J Dynamics System Measurement and Control, 1992, 114(1): 70 - 77.

[2] Low K H, Vidyasagar M. A lagrangian formulation of the dynamic model for flexible manipulator systems. ASME J Dynamics System Measurement and Control, 1998, 110

(2):175 - 181.

[3] Matsuno F, Asano T, Sakawa Y. Modeling and quasi-static hybrid position/force control of constrained planar two-link flexible manipulators. IEEE Trans Robotics and Automation, 1994,10(3):197 - 287.

[4] Matsuno F, Yamanoto K. Dynamic hybrid position/force control of a two degree-of-freedom flexible maniulator. Int J Robotic Systems, 1994,11(5):355 - 366.

[5] Choi B O, Krishnamurthy K. Unstrained and constrained motion control of a planar two-link structurally flexible robotic manipulator. Int J Robotic Systems, 1994,11(6): 557 - 571.

[6] Yang J, Xu Y, Chen C S. Model reduction of flexible manipulators. Int J Robotics and Automation, 1994,9(4):199 - 204.

[7] Marco A, Arteaga. On the properties of a dynamic model of flexible robot manipulators. Trans ASME J Dynamics Systems, Measurement and Control, 1998,120(1):8 - 14.

[8] Cetinkunt S, Ittoop B. Computer-automated symbolic modeling of dynamics of robotic manipulators with flexible links. IEEE Trans Robotics and Automation, 1992,8(1): 94 - 104.

[9] Benati M, Morro R. Formulation of equations of motion for a chain of flexible links using hamilton's principle. ASME J Dynamics System Measurement and Control, 1994,116 (1):81 - 88.

[10] Choi S B, Lee H B, Cheong C C. Compliant control of joint constrained flexible manipulators. Proc ACC, 1995.

[11] Krishnamurthy K, Yang L. Dynamic modeling and simulation of two cooperation structurally flexible robotic manipulators. Robotica, 1995,13:375 - 384.

[12] Chang L W, Hamilton J F. Dynamics of robotics manipulators with flexible links. ASME J Dynamics Systems Measurement and Control, 1991,113(1):54 - 59.

[13] Xi F, Fenton R G. On flexible link manipulators: modeling and analysis using the algela of rotations. Robotica, 1994,12(4):371 - 381.

[14] Paul R P. Robot manipulators: mathematics, programming, and control. Cambridge: the MIT Press, 1981.

[15] Lin J, Lewis F L. A symbolic formulation of dynamic equations for a manipulator with rigid and flexible links. Int J Robotics Research, 1994,13(5):454 - 466.

[16] Xi F, Fenton R G. A sequential integration method for inverse dynamic analysis of flexible link manipulators. Proc IEEE Conf Robotics and Automation, 1993:743 - 748.

[17] Lewis F L, Vandegrift M. Flexible robot arm control by a feedback linearization/singular perturbation approach. Proc IEEE Conf Robotics and Automation, 1993:729 - 736.

[18] Eskandarian A, Bedewi N E, Kramer B M. Dynamic modeling of robotic manipulators using an artificial neural network J Robotic Systems, 1994, 11(1): 41 - 56.

[19] Edelstein E, Rosen A. Nonlinear dynamics of a flexible multirod(multibeam) system. ASME J Dynamics System Measurement and Control, 1998, 120(2): 224 - 231.

[20] Sandeep Jain, Peng P Y, Anthony Tzes et al. Neural networks design with genetic algorithms for control of a single link flexible manipulator. J Intelligent & Robotics Systems, 1996, 15: 135 - 151.

[21] Yigit A S. On the stability of PD control for a two-link rigid-flexible manipulator. ASME J of Dynamics System Measurement and Control, 1994, 116(2): 208 - 215.

[22] Paden B. Exponentially stable tracking control for multijoint flexible-link manipulators. Ibid, 1993, 115(1): 53 - 59.

[23] Yim W. Inverse cartesian trajectory control and stabilization of a three-axis flexible manipulator. J Robotics Systems, 1994, 11(4): 311 - 326.

[24] Lucibello P, Benedetto M D D. Output tracking for a nonlinear flexible arm. Ibid, 1993, 115(1): 78 - 85.

[25] Cho J K, Park Y S. Vibration reduction in flexible systems using a time-varing impulse sequence. Robotica, 1995, 13: 305 - 313.

[26] Wang D, Vidyasagar M. Feedback linearizability of multi - link manipulators with one flexible link. Proc 28th Conf DC, Tampa, Florida, 1989: 2072 - 2077.

[27] Wang D, Vidyasagar M. Control of a class of manipulators with a single flexible link. ASME J Dynamics System Measurement and Control, 1991, 113(4): 655 - 668.

[28] Khorrami F, Jain S. Nonlinear control with end-point acceleration feedback for a two-link flexible manipulator: experimental results. J Robotics System, 1993, 10(4): 505 - 530.

[29] Vandegrift M W, Lewis F L, Zhu S Q. Flexible-link robot arm control by a feedback linearization/singular perturbation approach. J Robotic Systems, 1994, 11(7): 591 - 603.

[30] Schoenwald D A, Ozguner U. On combining slewing and vibration contol in flexble manipulators via singular perturbations. Proc 29th Conf DC, Honolulu, 1990: 533 - 538.

[31] Luca A D, Panzieri S. An iterative scheme for learning gravity compensation in flexible robot arms. Automatica, 1994, 30(6): 993 - 1002.

[32] Castelazo I A, Lee H. Nonlinear compensation for flexible manipulators. ASME J Dynamics System Measurement and Control, 1990, 112(1): 62 - 68.

[33] Gogate S, Lin Y J. Formulation and control of robots with link and joint flexibility. Robotica, 1993, 11: 273 - 282.

[34] Lucibello P. and Bellezza F. , Nonlinear adaptive control of a two link flexible robot arm. Proc 29th Conf DC, 1990:2545 - 2550.

[35] Madhaven S K, Singh S N. Variable structure trajectory control of an elastic arm. J of Robotic Systems, 1993,10(1):23 - 44.

[36] Korbov V V. Robust control of a flexible manipulator arm. PhD. Dissertation, Syracuse University, 1987.

[37] Austin Y, Chevallereau C. The singular perturbation control of a two-flexible-link robot. Proc IEEE Conf Robotics and Automation, 1993:737 - 742.

[38] Austin Y, Chevallereau C, Clumineau A et al. Experimental results for the end-effector control of a single flexible robotic arm. IEEE Trans Control System Technics, 1994,2(4):371 - 381.

[39] Kubica E, Wang D. A fuzzy control strategy for a flexible single link robot. Proc IEEE Conf Robotics and Automation, 1993:237 - 241.

[40] Moudgal V G. Rule-based control for a flexible-link robot. IEEE Trans Control System Technics, 1994,2(4):392 - 405.

[41] Hsu F Y, Fu L C. A new design of adaptive fuzzy hybrid force/position controller for robot manipulators. Proc IEEE Conf Robotics and Automation, 1995:863 - 868.

[42] 孙增圻.机器人智能控制.北京:北京教育出版社,1995.

[43] Guo Q. An adaptive robust compensation control scheme using ANN for a redundant robot manipulator in the tak-space. Proc IEEE Conf Robotics and Automation, 1992: 1908 - 1913.

[44] Yashikawa T. Manipulability of robotics mechanism. Int J Robotics Research, 1985, 4 (2):3 - 9.

[45] Klein C A, Blaho B E. Dexterity measures for the design and control of kinematically redundant manipulators. Int J Robotics Research, 1987, 6(2):72 - 83.

[46] Kircanski M V. Symbolic singular value decomposition for a 7 dof manipulator and its application to a robot control. Proc IEEE Conf Robo and Auto, 1993:895 - 900.

[47] Maciejewski A A, Klein C A. Obstacle avoidance for kinematically redundant manipulators in dynamically varying environments. Int J Robotics Research, 1985, 4(3): 109 - 117.

[48] Khatib O. Real-time obstacle avoidance for manipulators and mobile robots. Int J Robotics Research, 1986, 5(1):90 - 98.

[49] Kircanski M V, Vukobratovic M. Contribution to control of redundant robotic manipulators in environment with obstacles. Int J Robotics Research, 1986, 5(4):112 - 119.

[50] Boddy C L, Taylor J D. Whole-arm reactive collision avoidance control of kinematicly

redundant manipulators. Proc IEEE Conf Robotics and Automation, 1993:382 - 387.

[51] Liegeois A. Automatic supervisory control of the configuration and behavior of multibody mechanisms. IEEE Trans Sys, Man & Cyber, 1997,7(12):868 - 871.

[52] Zghal H, Dubey R V, Euler J A. Efficient gradient projection optimization for manipulators with multiple degrees of redundancy. Proc IEEE Conf Robotics and Automation, 1990:1006 - 1011.

[53] Dubey R V, Euler J A, Babcock S M. Real-time implementation and optimization scheme for seven-degree-freedom redundant manipulatos. IEEE Trans Robotics and Automation, 1991,7(5):579 - 588.

[54] Chan T F, Dubey R V. A weighted least-norm solution based for avoiding joint limits for redundant manipulators. Proc IEEE Conf Robotics and Automation, 1993: 395 - 402.

[55] Fenton R G, Benhabib B, Goldenberg A A. Optimal point to point motion control of robots with redundant degree of freedom. ASME J Engineering for Industry, 1986,108.

[56] Nakamura Y, Hanafusa H, Yoshikawa T. Optimal redundancy control of robot manipulators. Int J Robotics Research, 1987,6(1):32 - 42.

[57] Cleary K. Incorporating multiple criteria generation for redundant robots. Proc IEEE Conf Robotics and Automation, 1990: 618 - 624.

[58] Pamanes J A, Zeghloul S. Optimal placement of robotic manipulators using multiple kinematic criteria. Proc IEEE Conf Robotics and Automation, 1991: 933 - 938.

[59] Walker I D, Marcus S I. Subtask performance by redundancy resolution for redundant robot manipulator. IEEE J Robotics and Automation, 1988,4(3):350 - 354.

[60] McGhee S, Chan T F, Dubey R V. Probability-based weighting of performance criteria for a redundant manipulator. Proc IEEE Conf Robotics and Automation, 1994: 1887 - 1894.

[61] 李鲁亚.冗余自由度机器人控制研究,北京航空航天大学博士论文,1994.

[62] Whitney D E. The mathematics of coordinated control of prosthetic arms and manipulators. ASME J Dynamics System Measu & Control, 1972,94(4):303 309.

[63] Khatib O. Dynamic control of manipulators in operational space. 6th IFtoMM Congress on Theory of Machines and Mechanisms, New Delhi, 1983:1123 - 1131.

[64] Hollerbach J M, Suh K C. Redundancy resolution of manipulator through torque optimization. IEEE J Robotics and Automation, 1987,3(4):308 - 316.

[65] Kazerounian K, Nedungadi A. An alternative method for minimization of the driving forces in redundant manipulators. Proc IEEE Conf Robotics and Automation, 1987:

1701 - 1706.

[66] Khatib O. Aunified approach for motion and force control of manipulators. IEEE J Robotics and Automation, 1987,2:890 - 896.

[67] Chen Y H, Pendey S. Robust hybrid control of robot manipulators. Proc IEEE Conf Robotics and Automation, 1989:236 - 241.

[68] Fisher W D, Mujtaba M S. Sufficient stability condition for hybrid position/force control. Proc IEEE Conf Robotics and Automation, 1992:1336 - 1341.

[69] Lewis C L, Maciejewski A A. An example of failure tolerant operation of kinematically redundant manipulators. Proc IEEE Conf Robotics and Automation, 1994:1380 - 1387.

[70] Ting Y, Tosunoglu S, Fernandez B. Control algorithms for fault-tolerant robots. Proc IEEE Conf Robotics and Automation, 1994: 910 - 915.

[71] Kircanski M V. Symbolic singular value decomposition for a 7-DOF manipulator and its application to a robot control. Proc IEEE Conf Robotics and Automation, 1993: 895 - 900.

[72] Hsia T C, Guo Z Y. Joint trajectory generation for redundant robots. Proc IEEE Conf Robotics and Automation, 1989:277 - 282.

[73] Dubey R V, Euler J A, Babcock S M. An efficient gradient projection optimization scheme for a seven-degree-freedom redundant robot with spherical wrist. Proc IEEE Conf Robotics and Automation, 1988:28 - 36.

[74] Li L Y, Zhang Q X, Yang Z X. Control of redundant robots based on the motion optimizability measure. Proc IEEE Conf Robotics and Automation, 1994:3271 - 3276.

[75] 刘永超,黄玉美. 基于遗传算法的机器人运动学逆解. 机器人,1998,20(6).

[76] Wang Jun, Hu Qingni, Jiang Danchi. A lagrangian network for kinematic control of redundant robot manipulators. IEEE Trans Neural Networks. 1999,10(5):1123 - 1131.

[77] Barbieri E, Wang Qinyou. An example of optimal set-point relegation for self-motion control in redundant flexible robots. Proc IEEE Conf Robotics and Automation, 1990: 632 - 637

[78] Nguyen L A, Walker I D, Defigueiredo R J P. Dynamic control of flexible kinematiclly redundant robot manipulators. IEEE Trans Robotics and Automation, 1992,8(6):759 - 767.

[79] Baillieul J. Kinematic redundancy and the control of robots with flexible complements. Proc IEEE Conf Robotics and Automation, 1992:715 - 721.

[80] Kuo J A, Sanger D J. Effects of joint configuration on required joint stiffness for kinematically redundant manipulators. IFtoMM Proc 9th World Congress on the Theory of Machines and Mechanisms, 1995:1866 - 1870.

[81] 岳士岗. 柔性冗余度机器人动力学研究. 北京工业大学博士论文,1995.

[82] 何广平.柔性冗余度机器人动力学优化研究.北京航空航天大学硕士论文,1997.

[83] 边宇枢.柔性冗余度机器人动力学分析与控制.北京航空航天大学博士论文,1998.

[84] 吴立成.柔性冗余度机器人动力学分析及神经网络控制研究.北京航空航天大学博士论文,2000.

[85] Akin D L, Minsky M L, Thiel E D et. al. Space applications of automation, robotics and machine intelligence systems (ARAMIS) phase II. NASA - CR,1983:3734 - 3736.

[86] Steven Dubowsky,Evangelos Papadopolus. The kinematics, dynamics, and control of free-flying and free-floating space robotic systems. IEEE Trans Robotics & Automation, 1993, 9(5):531 - 543.

[87] Kazuya Yoshida. Space robot dynamics and control: a historical perspective. J Robotics and Mechatronics, 2000, 12(4):402 - 410.

[88] Umetani Y, Yoshida K. Continuous path control of space manipulator mounted on OMV. Acta Astronautica, 1987, 15(12):981 - 986.

[89] Mukherjee R,Nakamura Y. Nonholonomic path planning of space robots via bi-directional approach. Proceedings of the 1990 IEEE International Conference on Robotics and Automation,1990,5 13 - 18:1764 - 1769.

[90] Yamada K,Tsuchiya K. Efficient simulation algorithm for a space manipulator. Proceedings of the International Symposium on Space Technology and Science 1990 Publ by AGNE Kikaku Co Ltd,1990:1197.

[91] Yokokohji Y, Toyoshima T. Efficient computational algorithms for trajectory control of free-flying. IEEE Transactions on Robotics and Automation, 1993, 9(5):571 - 580.

[92] Umetani Y,Yoshida K. Resolved motion rate control of space manipultors with Generalized Jacobian Matrix. IEEE Trans. On Robotics and Automation, 1989, 5(3): 303 - 314.

[93] Masutani Y,Miyazaki F,Arimoto S. Sensory feedback control of space manipulators. Proc IEEE Int Conf Robotics and Automation, 1989:1346 - 1351.

[94] Vafa Z. The kinematics, dynamics and control of space manipulator: The virtual manipulator concept. Mass, MIT, PhD thesis, 1987.

[95] Vafa Z, Dubowsky S. On the dynamics of manipulators in space using the virtual manipulator approach. Proc IEEE Int Conf Robotics and Automation, 1987, (1): 579 - 585.

[96] Papadopoulous E,Dubowsky S. On the nature of control algorithms for free-floating space manipulators. IEEE Trans Robotics and Automation, 1991, 7(6):750 - 758.

[97] Papadopoulous E,Dubowsky S. Dynamic singularities in the control of free-floating space manipulators. Journal of Dynamic Systems, Measurement and Control, Transac-

tions of the ASME, 1993, 115(1):44 - 52.

[98] Xi F, Fenton R G. On the inverse kinematics of space manipulators for avoiding dynamics singularities. IEEE Int Conf Robotics and Automation, San Diego, 1994: 3460 - 3466.

[99] Longman R W. The kinetics and workspace of a satellite-mounted robot. J. Astronautical Sciences, 1989, 38(4):423 - 440.

[100] Agrawal S K et al. Kinematics, workspace, and design of a dual-arm spatial robot in zero gravity. J. Mechanical Design, 1994, 116:901 - 907.

[101] Papadopoulos E. Large payload manipulation by space Robot. Proc the IEEE Int Conf Intelligent Robots and Systems, Yokohama, 1993,7:26 - 30.

[102] Yoshida K, Umetani Y. Control of space free-flying root. Proc the 29th Conference on Decision and Control, 1990, December.

[103] Longman R W et al. Satellite-mounted robot manipulators-new kinematics and reaction moment compensation. Int J Robotics Research, 1987, 6(3):87 - 103.

[104] Dubowsky S, Torres M. Path planning for space manipulators to minimize spacecraft attitude disturbances. Proc IEEE Int Conf Robotics and Automation, 1991:2522 - 2528.

[105] Nechev D et al. Analysis of a redundant free-flying spacecraft/manipulator systems. IEEE Trans Robotics and Automation, 1992, 8(1):1 - 6.

[106] Bruno S. Closed-loop inverse kinematics algorithms for redundant spacecraft/manipulator systems. IEEE Int Conf Robotics and Automation, Alanta, 1993:95 - 100.

[107] Silva C W et al. Use of kinmatic redundancy for design optimization in space-robot system. Proc American Control Conf, San Francisco, 1993:1806 - 1810.

[108] Vafa Z. Space manipulator motions with no satellite attitude disturbances. IEEE Int Conf Robotics and Automation, Cincinnati, 1990:1770 - 1775.

[109] Yoshida K, Kurazume R, Umetani Y. Dual arm coordination in space free-flying robot. Proc IEEE International Conference on Robotics and Automation, 1991, 3: 2516 - 2521.

[110] Agrawal S K, Shirumalla S. Planning motions of a dual-arm free-floating manipulator keeping the base inertially fixed. Mechanism & Machine Theory, 1995, 30(1): 59 - 70.

[111] Vafa Z, Dubowsky S. On the dynamics of space manipulators using the virtual manipulator with applications to path planning. J Astronautical Sciences, 1990, 38(4): 441 - 472.

[112] Nakamura Y, Mukherjee R. Nonholonomic path planning of space robots. Proc of IEEE Int Conf Robotics and Automation, 1989:1050 - 1055.

[113] Nakamura Y, Mukherjee R. Nonholonomic path planning of space robots via a bi-directional approach. IEEE Trans Robotics and Automation, 1991, 7:500 - 514.

[114] Nakamura Y, Mukherjee R. Exploting nonholonomic redundancy of free-flying space robots. IEEE Trans Robotics and Automation, 1993, 9(4):499 - 506.

[115] Papadopoulos E, Dubowsky S. Path planning for space manipulators exhibiting nonholonomic behavior. Proc IEEE/RSJ Int Conf Intelligent Robots and Systems, 1992: 669 - 675.

[116] Sampei M, Kiyota H, Ishikawa M. Attitude control of space robots with a manipulator using time-state control form. Proc 1995 Korea Automatic Control Conf, 1995:468 - 471.

[117] Sampei M, Kiyota H, Ishikawa M. Time-state control form and its application to a non-holonomic space robot. Proc 1995 Non-Linear Control Systems Design Symposium, 1995.

[118] Sampei M, Kiyota H, Koga M et al. Necessary and sufficient conditions for transformation of nonholonomic system into time-state control form. Proc the 35th Conf Decision and Control, 1996, 12:4745 - 4746.

[119] Yih Chih-Chen and Paul I. Ro, Near-optimal motion planning for nonholonomic systems with state/input constraints via quasi-newton method. Proc IEEE Int Conf Robotics and Automation, 1997, 4:1430 - 1435.

[120] Ignacy Duleba, Jerzy Z Sasiadek. Energy-efficent Newton-based nonholonomic motion planning. Proc the Amercian Control Conf, Arlington, 2001, 6:1859 - 1863.

[121] Nader Sadegh. A nodal link perceptron network with applications to control of a nonholonomic system. IEEE Trans. on Neural Networks, 1995, 6(6):1516 - 1523.

[122] Gorinevsky D, Kapitanovsky A, Goldenberg A. Radial basis function network architecture for nonholonomic motion planning and control of free-flying manipulators. IEEE Trans Robotics and Automation, 1996, 12(3):491 - 496.

[123] Mineta T, Qiu J, Tani J. Trajectory planning of a manipulator of a space robot using a neural network. IEEE International Workshop on Robot and Human Communication, 1997:34 - 39.

[124] Nakamura Y, Suzuki T. Planning spiral motions of nonholonomic free flying space robots. Journal of Spacecraft and Rockets, 1997, 34(1):137 - 143.

[125] Springfield J, Cook G E, Andersen K et al. ROBOSIM: a simulation package for robots. Proc the Seventh Annual Conference, 1989, 7:239 - 246.

[126] Agrawal S K, Hirzinger G, Landzettel K et al New laboratory simulator for study of motion of free-floating robots relative to space targets. IEEE Trans Robotics and Automation, 1996, 12(4): 627 - 633.

[127] Senda K, Murotsu Y. Methodology for control of a space robot with flexible links. IEEE Proceedings: Control Theory and Applications 1476,2000,Nov.:562-568.

[128] Zhao Huijiang. Kinematics and dynamics of flexible space robot arms. Proc IEEE/RSJ Inter Conf Intelligent Robots and Systems, Raleigh, 1992,7-10:1681-1688.

[129] 吴立成.柔性双臂空间机器人系统若干问题研究,清华大学博士后研究报告,2002.

# 第 2 章　柔性臂机器人动力学建模

要研究柔性臂机器人，需先对其运动规律进行描述，即建立动力学方程非常重要。但由于柔性臂机器人所包含的柔性连杆在运行过程中会产生弹性变形，本质上是一个无穷维连续分布参数系统，动力学行为非常复杂，建模困难。

采用假设模态法描述臂杆柔性，再通过拉格朗日方程建立动力学方程是柔性臂机器人建模的常用方法。本章首先讨论了拉格朗日方程结合假设模态法的建模方法。这种方法所建立的动力学方程比有限元法等建立的精确模型有很大简化，但仍是强耦合、高度非线性的高维微分方程组，计算量大，难以用于实时控制。

本章还对一种先用多个刚性子杆及被动关节构成的子杆模型模拟单个柔性杆，进而对整个柔性机器人建模的子杆法建模方法进行了讨论。

## 2.1　假设模态法

由力学知识可知[1,2]，柔性连杆的振动包括杆的纵向振动（沿杆的方向的振动）、横向振动（垂直于杆的方向）和扭曲振动。当杆的长度接近截面尺寸时，杆的横向振动主要引起剪切变形。根据不同情况，可将柔性连杆简化为以下几种力学模型：欧拉（Euler）梁，欧拉-伯努利（Euler - Bernoulli）梁或铁木辛柯（Timoshenko）梁。模型的选择与适用取决于剪切和扭曲对梁的横向变形的影响。铁木辛柯梁同时考虑了两种影响，较适合于机械臂粗短的情况，实际上接近刚性臂。欧拉-伯努利梁则同时忽略了两者的影响，适于细长且横截面可以变化的情况。当柔性机器人的杆件是细长杆或扁平长杆时，往往看成是欧拉-伯努利梁，即只考虑由弯曲引起的变形，不计剪切引起的变形和转动惯量影响的梁的弯曲振动力学模型。梁的横向变形示意如图 2-1 所示。

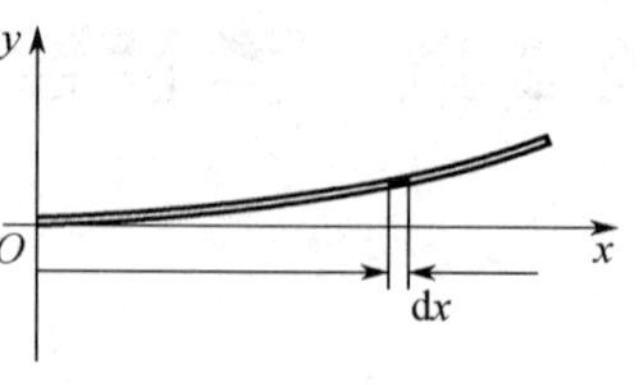

图 2-1 梁的横向变形示意

欧拉-伯努利梁的横向自由振动运动方程为

$$EI\frac{\partial^4 y}{\partial x^4}+\rho A\frac{\partial^2 y}{\partial t^2}=0 \qquad (2-1)$$

式(2-1)是一个四阶齐次偏微分方程。

上述方程对连续系统的精确解仅限于简单的构件形状和边界条件，对于大多数工程问题，必须利用近似方法求解。各种近似方法的共同点是将连续系统用一个有限自由度系统代替。离散后的自由度数目取决于所要求的精度。连杆的变形假定一般有 4 种，即运动学静态(Kinetostatic)方法、集中质量法、假设模态法(基于连杆振型模态展开取有限维自由度假定)和有限元法(基于复杂连杆振型的有限元假定)。后 3 种方法都是动态方法。

运动学静态方法仅考虑了小的准静态弹性变形，连杆的柔性用线性弹簧代替。当研究的问题涉及较高的速度和较大的加速度变化时，则必须采用动态方法。集中质量法是将连续系统的质量集中到有限个点或截面上，假设模态法是用已知的有限个函数的线性组合来构造连续系统的解，有限元方法兼有这两类方法的特点。由于假设模态法建立的方程计算效率较高，便于在数值仿真及实时控制中使用，是柔性机器人研究中的主流方法，所以本书简要介绍一下假设模态法。

采用分离变量法求解式(2-1)可得

$$y=\sum_{i=1}^{\infty}\varphi_i(x)q_i(t) \qquad (2-2)$$

式中，$\varphi_i(x)$称为振型函数或模态函数；$q_i(t)$是相应振型的幅值，称为模态坐标。

因此，振动可以看成是无穷多个不同幅值的振型的叠加。根据不同的边界条件，比如梁的支撑情况不同，可以求出不同的振型函数。常见的梁的始端和末端的约束状况有如下几种：

(1) 固定端　固定端处梁的挠度 $y$ 和转角$\partial y/\partial x$ 均等于零。

(2) 简支端　简支端处梁的挠度 $y$ 和弯矩等于零。

(3) 自由端　自由端处梁的弯矩和剪力等于零。

对应于梁末端的不同约束状况，常见的边界条件有：两端固定，两端自由，一端固定、一端简支(简支梁)，一端固定、一端自由(悬臂梁)。

简支梁的振型函数为

$$\varphi_i(x)=\sin(j\pi x/l)\quad(j=1,2,\cdots)\tag{2-3}$$

悬臂梁的模态函数为

$$\varphi_i(x)=\cosh(\lambda_j x)-\cos(\lambda_j x)-\frac{\sinh(\lambda_j l)-\sin(\lambda_j l)}{\cosh(\lambda_j l)+\cos(\lambda_j l)}(\sinh(\lambda_j x)-\sin(\lambda_j x))\tag{2-4}$$

其中，$\lambda_j$ 是 $1+\cosh(\lambda_j)\cos(\lambda_j)=0$ 的根，$\lambda_1=1.875\ 1$，$\lambda_2=4.694\ 1$，一般有 $\lambda_j\approx\frac{2j-1}{l}\pi(j=1,2,\cdots)$

由于振动量主要由低阶振动决定，为了简化计算一般还要进行截断处理，即将梁的纵向变形[式(2-2)]简化为

$$y=\sum_{i=1}^{n}\varphi_i(x)q_i(t)\tag{2-5}$$

其中，$n$ 称为保留模态数，或简称模态数。在柔性机器人建模中一般取 1～2 阶。

因此柔性机器人第 $i$ 杆的弹性变形可简化描述为

$$u_{ix}=\sum_{j=1}^{n}\varphi_{ij}(x)q_{ij}(t)=\varphi_i^{\mathrm{T}}(x)Q_i(t)\tag{2-6}$$

其中，$\varphi_i(x)=(\varphi_{i1},\varphi_{i2},\cdots,\varphi_{in})^{\mathrm{T}}$ 为模态函数列向量，$Q_i(t)=(q_{i1},q_{i2},\cdots,q_{in})^{\mathrm{T}}$ 为描述第 $i$ 杆弹性变形的广义坐标列向量，$n$ 为模态数。

下面就以简支梁为例讨论用假设模态法描述臂杆的弹性变形，根据拉格朗日方程建立柔性臂机器人动力学方程的方法。

### 2.1.1 平面两连杆柔性机器人的动力学建模——简支梁边界条件

假定柔性臂机器人的连杆截面是矩形，各变量定义如图 2-2 所示。图中 $\theta_1$ 和 $\theta_2$ 是虚拟刚性臂的关节角，$M_1$ 和 $M_2$ 是柔性连杆的质量，$m_1$ 和 $m_2$ 为连杆 1 和 2 的末端负载，$v_1$ 和 $v_2$ 为连杆与虚拟刚性臂的偏差。$l_1$ 和 $l_2$ 是两连杆的长度，$x_1$ 和 $x_2$ 是两连杆上的点离开关节的距离，以下推导中假设弹性偏差相对

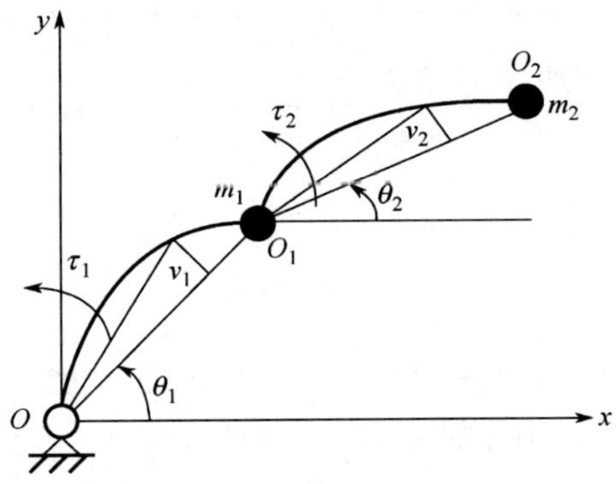

图 2-2 柔性臂机器人简支梁模型

于杆长是一个小量。

两连杆上任意点在笛卡儿坐标系 $xOy$ 下的坐标为

$$\begin{cases} X_1 = x_1\cos\theta_1 - v_1\sin\theta_1 \\ Y_1 = x_1\sin\theta_1 + v_1\cos\theta_1 \\ X_2 = l_1\cos\theta_1 + x_2\cos\theta_2 - v_2\sin\theta_2 \\ Y_2 = l_2\sin\theta_1 + x_2\sin\theta_2 + v_2\cos\theta_2 \end{cases} \tag{2-7}$$

由此可得柔性连杆空间机器人的动能表达式为

$$\begin{aligned} P = &\frac{1}{2}\int_0^{l_1}\rho_1 A_1(\dot{X}_1^2+\dot{Y}_1^2)\mathrm{d}x_1 + \frac{1}{2}\int_0^{l_2}\rho_2 A_2(\dot{X}_2^2+\dot{Y}_2^2)\mathrm{d}x_2 + \\ &\frac{1}{2}M\left\{\left[\frac{\mathrm{d}(l_1\sin\theta_1)}{\mathrm{d}t}\right]^2+\left[\frac{\mathrm{d}(l_1\cos\theta_1)}{\mathrm{d}t}\right]^2\right\}+ \\ &\frac{1}{2}M_2\left\{\left[\frac{\mathrm{d}(l_1\sin\theta_1+l_2\sin\theta_2)}{\mathrm{d}t}\right]^2+\left[\frac{\mathrm{d}(l_1\cos\theta_1+l_2\cos\theta_2)}{\mathrm{d}t}\right]^2\right\} \end{aligned} \tag{2-8}$$

其中，$\rho_1 A_1$，$\rho_2 A_2$ 是每单位长度上的质量。

同时，由于弹性变形所产生的变形势能为

$$V = \frac{1}{2}\int_0^{l_1} E_1 I_1 v_1''^2\mathrm{d}x_1 + \frac{1}{2}\int_0^{l_2} E_2 I_2 v_2''^2\mathrm{d}x_2 \tag{2-9}$$

其中，$E_i I_i$ 是第 $i$ 连杆的抗弯刚度。

理论上，动态变形 $v_1$ 和 $v_2$ 是无穷个弹性模态的组合。忽略高阶模态，近似取两阶模态，则有

$$v_1=\varphi_{11}(x_1)q_{11}(t)+\varphi_{12}(x_1)q_{12}(t),\quad v_2=\varphi_{21}(x_2)q_{21}(t)+\varphi_{22}(x_2)q_{22}(t) \tag{2-10}$$

如果柔性连杆机器人在铅垂面上有运动，则势能中还应包括重力势能。系统所作的虚功为

$$\begin{aligned} \delta W &= (\tau_1-\tau_2)(\delta\theta_1+\varphi_{11}'(0)\delta q_{11}+\varphi_{12}'(0)\delta q_{12}) + \\ &\quad\ \tau_2(\delta\theta_2+\varphi_{21}'(0)\delta q_{21}+\varphi_{22}'(0)\delta q_{22}) \\ &= \sum_{l=1}^{6} Q_l\delta\bar{q}_l \end{aligned} \tag{2-11}$$

其中，$\bar{q}_l$ 为广义坐标变量，是向量 $q=[\theta_1, q_{11}, q_{12}, \theta_2, q_{21}, q_{22}]^{\mathrm{T}}$ 的第 $l$ 个分量，$Q_l$ 为非保守力，是向量 $Q=(\tau_1-\tau_2, (\tau_1-\tau_2)\varphi_{11}'(0), (\tau_1-\tau_2)\varphi_{12}'(0), \tau_2, \tau_2\varphi_{21}'(0), \tau_2\varphi_{22}'(0))^{\mathrm{T}}$ 的第 $l$ 个分量。

由于柔性连杆机器人是一个保守系统，故其动能和势能及非保守力满足拉格朗日方程。

$$\frac{\mathrm{d}}{\mathrm{d}t}\left(\frac{\partial P}{\partial \dot{\bar{q}}_l}\right)-\frac{\partial P}{\partial \bar{q}_l}+\frac{\partial V}{\partial \bar{q}_l}=Q_l \tag{2-12}$$

将动能和势能代入拉格朗日方程中即可得到柔性连杆机器人的动力学方程。

## 2.1.2 动力学方程的符号推导

在采用 Mathematica 推导动力学方程时，仅需将与能量有关的表达式及模态函数代入式(2-12)。其中对常数如 $E_iI_i$、$A_i$ 等引入了 SetAttribute 设置，使得常数对变量 $x_i$，时间 $t$ 的导数为 0，即

$$\text{SetAttribute}[\{E_i, I_i, \rho_i, A_i, \cdots\}, \text{Constant}] \tag{2-13}$$

对类似式(2-13)一类的条件如 $\dfrac{\partial q_{ij}}{\partial x_i}=0$ 等，则采用“打开保护”的命令，使得其后所有的推导都将这类条件代入，即

$$\begin{aligned}&\text{Unprotect}[D];\\&D[q_{ij}, x_i]=0;\\&\cdots\\&\text{Protect}[D];\\&\text{Unprotect}[Dt];\\&Dt[x_i, t]=v_i * Dt[\theta_i, t];\\&\text{Protect}[Dt];\end{aligned} \tag{2-14}$$

其中，$D$ 与 $Dt$ 分别代表求偏微分和全微分。

由此按式(2-12)经整理可以求出如图 2-2 所示两连杆柔性机器人的动力学方程为

$$M(q)\ddot{q}+H(q,\dot{q})+Kq=B\tau(t) \tag{2-15}$$

其中，$M(q)$ 是 6×6 阶惯性系数矩阵，各元素分别为

$$m_{11}=\left(M_1+\frac{1}{3}\rho_1A_1l_1+M_2+\rho_2A_2l_2\right)l_1^2+\frac{1}{2}\rho_2A_2l_2(q_{11}^2+q_{12}^2)$$

$$m_{12}=m_{21}=\rho_1A_1l_1^2/\pi$$

$$m_{13}=m_{31}=-\frac{1}{2}\rho_1A_1l_1^2/\pi$$

$$m_{14}=m_{41}=\left\{(M_2l_1l_2+\frac{1}{2}\rho_2A_2l_1l_2^2)\cos(\theta_1-\theta_2)+\frac{1}{2}\rho_2A_2l_1l_2q_{21}(t)\sin(\theta_1-\theta_2)/\pi\right\}$$

$$m_{15}=m_{51}=\frac{1}{2}\rho_2A_2l_1l_2\cos(\theta_1-\theta_2)/\pi$$

$$m_{22}=\frac{1}{2}\rho_1A_1l_1$$

$$m_{23}=m_{32}=m_{24}=m_{42}=m_{25}=m_{52}=m_{26}=m_{62}=0$$

$$m_{22}=m_{33}=\frac{1}{2}\rho_1A_1l_1$$

$$m_{34}=m_{43}=m_{35}=m_{53}=m_{36}=m_{63}=0$$

$$m_{44}=M_2l_2^2+\frac{1}{3}\rho_2A_2l_2^3+\frac{1}{2}\rho_2A_2l_2(q_{21}^2+q_{22}^2)$$

$$m_{45}=m_{54}=\rho_2A_2l_2^2/\pi$$

$$m_{46}=m_{64}=-\frac{1}{2}\rho_2A_2l_2^2/\pi$$

$$m_{55}=m_{66}=-\frac{1}{2}\rho_2A_2l_2$$

$$m_{56}=m_{65}=0$$

刚度矩阵 $K$ 的各分量为：$K_1=0$，$K_2=\dfrac{E_1I_1\pi^4}{2l_1^3}$，$K_3=8\dfrac{E_1I_1\pi^4}{l_1^3}$，$K_4=0$，$K_5=\dfrac{E_2I_2\pi^4}{2l_2^3}$，$K_6=8\dfrac{E_{21}I_{21}\pi^4}{l_2^3}$。

离心力和哥氏力项 $H(q,\dot{q})$的各分量满足下列关系。

$$H_k(q,\dot{q})=\sum_{i,j=1}^{6}\left(\frac{\partial m_{kj}}{\partial\bar{q}_i}-\frac{1}{2}\frac{\partial m_{ij}}{\partial\bar{q}_k}\right) \tag{2-16}$$

由式(2-16)计算可得：

$$H_1(q,\dot{q})=M_1\dot{\theta}_1(q_{11}\dot{q}_{11}+q_{12}\dot{q}_{12})-\left(-\left(m_2+\frac{1}{2}M_2\right)l_1l_2\sin(\theta_1-\theta_2)+\right.$$
$$\left.2M_2l_1q_{21}(t)\cos(\theta_1-\theta_2)/\pi\right)\dot{\theta}_2^2+4M_2l_1\sin(\theta_1-\theta_2)\dot{q}_{21}\dot{\theta}_2$$

$$H_2(q,\dot{q})=-\frac{1}{2}M_1q_{11}\dot{\theta}_1^2$$

$$H_3(q,\dot{q})=-\frac{1}{2}M_1q_{12}\dot{\theta}_1^2$$

$H_4(q,\dot{q})=\left(-\left(m_2+\frac{1}{2}M_2\right)l_1l_2\sin(\theta_1-\theta_2)+2M_2l_1q_{21}(t)\cos(\theta_1-\theta_2)\right)\dot{\theta}_1^2+$

$M_2(q_{21}\dot{q}_{21}+q_{22}\dot{q}_{22})\dot{\theta}_2$

$H_5(q,\dot{q})=-2M_2l_1\dot{\theta}_1^2\sin(\theta_1-\theta_2)/\pi-\frac{1}{2}M_2q_{21}\dot{\theta}_2^2$

$H_6(q,\dot{q})=-\frac{1}{2}M_2q_{22}\dot{\theta}_2^2$

输入矩阵 $B$ 可以表示为

$$B^{\mathrm{T}}=\begin{bmatrix}1 & \pi/l_1 & 2\pi/l_1 & 0 & 0 & 0\\ 0 & 0 & 0 & 1 & \pi/l_2 & 2\pi/l_2\end{bmatrix}$$

### 2.1.3 动力学方程的离散形式

求解机器人离散动力学方程的传统方法是通过机器人欧拉-拉格朗日连续动力学方程的离散化，这种方法的最大缺点是不能保证机器人连续动力学模型的主要特征，如能量和矩的守衡[3,4]。解决这一问题的主要方法有两个：① 将机器人动力学的作用函数离散化，再对离散的作用函数求极值得到离散的机器人动力学方程[3]；② 先通过简单柱形机器人模型的精确离散化，归纳出求解离散机器人动力学模型的一般方法，再通过仿真和理论分析加以验证[4]。这两种方法的最终结果几乎是相同的。将刚性连杆机器人模型的离散化方法用于柔性连杆机器人，则柔性连杆机器人的离散动力学模型可由下式得到。

$$\frac{1}{\delta}\left\{\left(\frac{\partial T}{\partial\dot{\bar{q}}_l}\right)_{k+1}-\left(\frac{\partial T}{\partial\dot{\bar{q}}_l}\right)_k\right\}-\left(\frac{\partial T}{\partial\bar{q}_l}\right)_k+\left(\frac{\partial P}{\partial\bar{q}_l}\right)_k=Q_l \tag{2-17}$$

其中，$\delta$ 表示采样周期。

采用如前所述的符号推理方法不难得到柔性连杆机器人的离散动力学方程为

$$q(k+1)\dot{q}(k+1)-q(k)\dot{q}(k)+f(q(k),\quad\dot{q}(k))\delta=Q(k)\delta \tag{2-18}$$

其中，$f(q(k),\dot{q}(k))$ 各元素分别为

$f_1(q(k),\dot{q}(k))=\left\{\left(M_2+\frac{1}{2}\rho_2A_2l_2\right)-2\rho_2A_2q_{21}(t)/\pi\right\}l_1l_2\dot{\theta}_1\dot{\theta}_2\sin(\theta_1-\theta_2)+$

$\frac{1}{2}\rho_2A_2l_1l_2^2\dot{\theta}_1\dot{q}_{21}\sin(\theta_1-\theta_2)/\pi$

$$f_2(q(k),\dot{q}(k))=-\frac{1}{2}\rho_1 A_1 l_1 q_{11}(t)\dot{\theta}_1^2+\frac{1}{2}E_1 I_1 \pi^4 q_{11}/l_1^2$$

$$f_3(q(k),\dot{q}(k))=-\frac{1}{2}\rho_1 A_1 l_1 q_{12}(t)\dot{\theta}_1^2+8E_1 I_1 \pi^4 q_{12}/l_1^3$$

$$f_4(q(k),\dot{q}(k))=-\{(M_2+\frac{1}{2}\rho_2 A_2 l_2)-2\rho_2 A_2 q_{21}(t)/\pi\}\dot{\theta}_1\dot{\theta}_2\sin(\theta_1-\theta_2)-$$
$$2\rho_2 A_2 l_1 l_2^2\dot{\theta}_1\dot{q}_{21}\sin(\theta_1-\theta_2)/\pi$$

$$f_5(q(k),\dot{q}(k))=-\frac{1}{2}\rho_2 A_2 l_2 q_{21}(t)\dot{\theta}_2^2+\frac{1}{2}E_2 I_2 \pi^4 q_{21}/l_2^3$$

$$f_6(q(k),\dot{q}(k))=-\frac{1}{2}\rho_2 A_2 l_2 q_{22}(t)\dot{\theta}_2^2+8E_2 I_2 \pi^4 q_{22}/l_2^3$$

本节讨论了基于假设模态法和拉格朗日方程的柔性连杆机器人动力学建模方法，给出了平面两连杆柔性机器人的简支梁边界条件连续时间数学模型，并给出了相应的离散形式。

## 2.2 子杆法

由于柔性臂机器人动力学行为非常复杂，基于假设模态法和拉格朗日方程建立的动力学方程仍然非常难以求解，无法满足实时控制的要求。为建立足够精确又便于求解的动力学方程，采用简单元件，如刚性杆和弹簧等，近似模拟柔性元件，进而建立柔性臂机器人动力学模型是一种很好的思路。先用多个刚性子杆及被动关节构成的子杆模型模拟单个柔性杆，进而对整个柔性机器人建模的子杆法就是这样一种建模方法。这种方法虽然有一定的误差，但可以建立满足实时控制要求的动力学模型，且其误差不会从性质上改变柔性臂机器人的动力学行为。其最终建立的柔性机器人动力学模型从形式上相当于含被动关节的多杆刚性机器人的动力学模型，因此计算效率与有限元法、假设模态法等其他方法建立的模型相比非常高。相比于其他方法，这一方法还可方便地用于多杆的柔性机器人建模。

本节首先讨论采用多个刚性子杆及被动关节建立子杆模型，模拟单个柔性杆的方法。进而讨论基于柔性杆件的子杆模型建立整个柔性机器人动力学模型的方法。最后针对单杆柔性机器人进行了相应的数值仿真，对模型的正确性进行了验证。

### 2.2.1 单个柔性杆的虚拟刚性子杆及被动关节模型

首先，用几个虚拟的刚性子杆来模拟柔性机器人的每个柔性杆，刚性子杆之间以由扭簧和阻尼器构成的虚拟被动关节相连接，如图 2-3 所示。

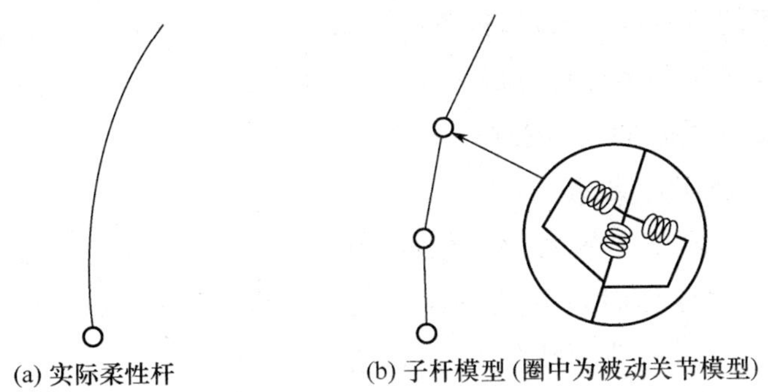


图 2-3 柔性杆的虚拟刚性子杆及被动关节模型

建立柔性杆子杆模型的关键是如何选择和辨识子杆模型的参数，如虚拟子杆的长度、质量、惯量及扭簧的弹性系数和被动关节的阻尼系数等，以便最终使子杆模型的动力学行为和真实柔性杆相吻合。此处使用的辨识方法是，把柔性机器人的每个柔性杆都分别独立出来（对实际的机器人，也就是拆卸下来），将其一端固定另一端悬空，研究它作为悬臂梁时的各种性质。可以选择一系列动态和静态参数，如固定频率、单位力作用下的末端位移等，通过实测或计算获得实际柔性杆的这些动静态参数值，并通过子杆模型参数的选择和调整，使得子杆模型的动静态参数值与实际柔性杆的相应值相一致。当子杆模型与实际柔性杆的这些动静态参数之间的误差小到一定程度时，就可以认为子杆模型在动力学行为上模拟了实际柔性杆，因此可以使用子杆模型代替实际柔性杆来进行柔性机器人整体的动力学建模。

而子杆模型参数的调整计算过程则是一个优化过程。定义实际柔性杆的动态、静态参数向量及整体参数向量分别为 $\alpha_{rd}$、$\alpha_{rs}$、$\alpha_r$，则有 $\alpha_r=[\alpha_{rd},\alpha_{rs}]^{\mathrm{T}}=[\alpha_{r1},\alpha_{r2},\cdots]^{\mathrm{T}}$，其中，每一分量代表一个特定的动静态参数值。相应地定义子杆模型的动态、静态参数向量及整体参数向量分别为 $\alpha_{md}$、$\alpha_{ms}$、$\alpha_m$，也有 $\alpha_m=[\alpha_{md},\alpha_{ms}]^{\mathrm{T}}=[\alpha_{m1},\alpha_{m2},\cdots]^{\mathrm{T}}$，其中，每一分量代表一个特定的动静态参数值，则子杆模型参数的优化问题的代价函数为

$$J=\sum_i \omega_i \frac{(\alpha_{ri}-\alpha_{mi})^2}{\alpha_{ri}^2} \tag{2-19}$$

其中，$\omega$ 是一个权值向量，$\omega_i$ 为对应第 $i$ 项动静态参数的权值。

### 2.2.2 动静态参数计算

选择静态参数为末端单位力作用下的位移($u_p/p$)和转角($\varphi_p/p$)、末端单位力矩作用下的位移($u_m/m$)和转角($\varphi_m/m$)。如图 2-4 所示建立坐标和定义相关参数。设将单个柔性杆分成 $n$ 个子杆，$m_i$、$l_i$、$s_i$、$(k_i)_z$分别为第 $i$ 子杆的质量、长度、端点到质心的长度和第 $i$ 个被动关节的 $z$ 向扭簧刚度系数，$(\varphi_i)_{x,y,z}$ 为子杆模型在第 $i$ 个被动关节处的角位移，在进行动静态参数计算时可认为是无穷小量。研究从 $O_i$点到末端的部分，当末端在 $xOy$ 平面内作用单位力 $p$ 时，在 $O_i$点处列 $xOy$ 平面内的力矩平衡方程有

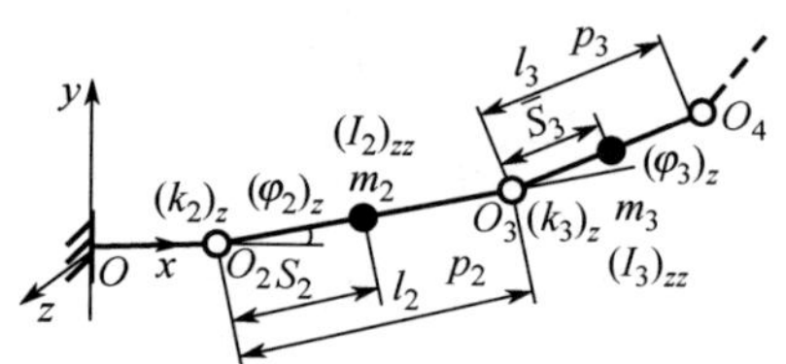


图 2-4 柔性杆子杆模型的相关参数及坐标

$$(\varphi_i)_z \times (k_i)_z = p \times (l_i + l_{i+1} + \cdots + l_n) \tag{2-20}$$

因此，可得在末端作用单位力时末端转角($xOy$ 平面内)为

$$\left(\frac{\varphi_p}{p}\right)_z = \sum_i \frac{(\varphi_i)_z}{p}$$

$$= [l_2 + l_3 + \cdots + l_n, l_3 + \cdots + l_n, \cdots, l_n] \begin{bmatrix} 1/(k_2)_z \\ 1/(k_3)_z \\ \vdots \\ 1/(k_n)_z \end{bmatrix} \tag{2-21}$$

由于 $\sin((\varphi_i)_z) \approx (\varphi_i)_z$，所以在末端作用单位力时末端位移($xOy$ 平面内)为

$$\left(\frac{u_p}{p}\right)_z = \sum_i \left(\frac{(\varphi_i)_z}{p} \cdot \sum_{j=i}^{n} l_j\right)$$

$$= [(l_2 + l_3 + \cdots + l_n)^2, (l_3 + \cdots + l_n)^2, \cdots, l_n^2] \begin{bmatrix} 1/(k_2)_z \\ 1/(k_3)_z \\ \vdots \\ 1/(k_n)_z \end{bmatrix} \tag{2-22}$$

同理，当末端在 $xOy$ 平面内作用单位力矩 $m$ 时，研究从 $O_i$ 点到末端的部分，在 $O_i$ 点处列 $xOy$ 平面内的力矩平衡方程为

$$(\varphi_i)_z \times (k_i)_z = m \tag{2-23}$$

因此，可得在末端作用单位力矩时末端转角（$xOy$ 平面内）为

$$\left(\frac{\varphi_m}{m}\right)_z = \sum_i \frac{(\varphi_i)_z}{m} = [1,1,\cdots,1]\begin{bmatrix}1/(k_2)_z\\1/(k_3)_z\\\vdots\\1/(k_n)_z\end{bmatrix} \tag{2-24}$$

在末端作用单位力矩时末端位移（$xOy$ 平面内）为

$$\begin{aligned}\left(\frac{u_m}{m}\right)_z &= \sum_i \left(\frac{(\varphi_i)_z}{m}\cdot\sum_{j=i}^{n} l_j\right)\\ &= [(l_2+l_3+\cdots+l_n),(l_3+\cdots+l_n),\cdots,l_n]\begin{bmatrix}1/(k_2)_z\\1/(k_3)_z\\\vdots\\1/(k_n)_z\end{bmatrix}\end{aligned} \tag{2-25}$$

综合式（2-22）～式（2-25）可得 $xOy$ 平面内静态参数值向量为

$$\begin{pmatrix}(u_p/p)_z\\(\varphi_p/p)_z\\(u_m/m)_z\\(\varphi_m/m)_z\end{pmatrix} = \begin{pmatrix}(l_2+l_3+\cdots+l_n)^2 & (l_3+l_4+\cdots+l_n)^2 & \cdots & l_n^2\\ l_2+l_3+\cdots+l_n & l_3+l_4+\cdots+l_n & \cdots & l_n\\ l_2+l_3+\cdots+l_n & l_3+l_4+\cdots+l_n & \cdots & l_n\\ 1 & 1 & \cdots & 1\end{pmatrix}\begin{pmatrix}1/(k_2)_z\\1/(k_3)_z\\\vdots\\1/(k_n)_z\end{pmatrix} \tag{2-26}$$

动态参数主要是指各阶振动频率。忽略结构阻尼对振动频率的微弱影响，当杆件在 $xOy$ 平面内作小幅振动时，用拉格朗日方程分析子杆模型（各元素均省略下标 $z$）可知弹性势能为 $V=\frac{1}{2}k_2\varphi_2^2+\frac{1}{2}k_3\varphi_3^2+\cdots+\frac{1}{2}k_n\varphi_n^2$，动能为 $T=\sum T_i$，其中，$T_i=\frac{1}{2}m_i\left(s_i\sum_{j=2}^{i}\dot{\varphi}_i+\sum_{k=2}^{i-1}\left(l_k\sum_{j=2}^{k}\dot{\varphi}_i\right)\right)^2+\frac{1}{2}I_{izz}\left(\sum_{j=2}^{i}\dot{\varphi}_i\right)^2$。

代入拉格朗日方程得

$$M\ddot{\varphi}+K\varphi=0 \tag{2-27}$$

相应的频率方程为

$$|K-\omega^2 M|=0 \tag{2-28}$$

其中:$K$ 为对角线元素为 $k_2,k_3,\cdots,k_n$ 的对角阵;而当使用3个子杆来模拟单个柔性杆时,$M$ 为2行2列对称矩阵,其各元素为

$$M_{11}=m_2 s_2^2+m_3(p_2+s_3)^2+I_2+I_3,$$

$$M_{22}=m_3 s_3^2+I_3,$$

$$M_{12}=M_{21}=m_3 s_3^2+m_3 p_2 s_3+I_3。$$

这样,式(2-26)和(2-28)联立,就形成了以子杆模型的动静态参数值以参数 $l_i$、$k_i(i=2,3,\cdots,n)$ 为自变量的非线性方程组(以下简称 * 式)。$zOx$ 及 $yOz$ 平面内的相应方程组也同理可得。当柔性杆为圆截面杆时,3个平面内的方程组相同。

而实际柔性杆的相应动静态参数值可通过实验测量得到。也可通过材料力学[5]和结构力学[6]的简单计算得到,计算公式($xOy$ 平面)为

$$\frac{\varphi_p}{p}=\frac{u_m}{m}=\frac{-l^2}{2EI_z},\quad \frac{\varphi_m}{m}=\frac{-l}{EI_z},\quad \frac{u_p}{p}=\frac{-l^3}{3EI_z} \tag{2-29}$$

$$\omega_i=\lambda_i^2\sqrt{\frac{EI_z}{\rho A}},\quad \lambda_i l=1.875,4.694,7.855,\cdots \tag{2-30}$$

这样以式(2-19)$J$ 最小为目标寻优可得到子杆模型参数的最优值。因为 * 式为高度非线性的矩阵方程,普通的优化方法会有一定困难,可运用了遗传算法等优化算法来进行优化求解,效果良好[7]。

### 2.2.3　子杆数目及子杆法适用范围的讨论

子杆数目 $n$ 越大,对柔性杆的最终模拟误差将可能越小,但 $n$ 越大则动力学模型规模也越大,将失去子杆法建模的最大优点。所以有必要分析 $n$ 与模型效果之间的关系。兹定义 * 式的独立方程个数为 $nf=nf(n)$,子杆模型参数的个数为 $nc=nc(n)$,子杆模型的动静态参数与实际柔杆完全吻合所要求的子杆数目为 $nm$(由 $nf=nc$ 求得)。则对最一般的情况,由(2-26)和(2-28)两式分别有9个和 $3(n-1)$ 个独立方程,即 $nf=3n+6$,而 $nc=4(n-1)$,所以 $nm=10$,显然太大;但若忽略柔性杆的扭转,则被动关节处只需 $k_y$,$k_z$ 两个扭簧,$nf=6+2(n-1)$,$nc=3(n-1)$,$nm=7$,数目依然较大;再若柔性杆的横截面上下左右对称(如圆形、正方形等)或者横截面长宽比很大使其中一个方向的柔性变形可以忽略,则被动关节处 $k_y$,$k_z$ 相等或者只需一

个扭簧,因而 $nf=3+(n-1)$,$nc=2(n-1)$,$nm=4$。2.2.6 节的仿真验证了此时子杆模型只需 3 个子杆就可很好地模拟一个柔性杆,进而建立规模较小且精度较高的柔性机器人动力学方程。

由以上分析可知,子杆法能很好地用于平面柔性机器人以及柔性杆横截面上下左右对称(如圆形、正方形等)或只需考虑一个方向柔性变形的空间柔性机器人建模。实际的柔性机器人一般都能满足上述要求,所以子杆法的适用范围是非常广的。另外,上述分析中动态参数选择了 1 到$(n-1)$阶振动频率,若总是只考虑一阶、二阶频率(仍能保证很好的精度),则对最一般的情况也有 $nm=19/4<5$,此时用 3~4 个子杆仍能较好地模拟一个柔杆,也就是说子杆法能以较好的精度对任意的空间柔性机器人建模。

### 2.2.4 柔性机器人整体动力学模型

得到了所有柔性杆的子杆模型之后,整体动力学建模就相当于对一个多自由度的含有被动关节的三维刚性机器人建模。可根据需要选用拉格朗日法、牛顿-欧拉(Newton - Euler)法或 Kane 方程等各种建模方法。由于牛顿-欧拉法得到的递推公式计算效率较高,本书以牛顿-欧拉法为例进行讨论。针对 $n$ 自由度的柔性旋转关节机器人,如图 2-5 所示对所有杆件和关节编号,并如图 2-6 所示建立坐标系。

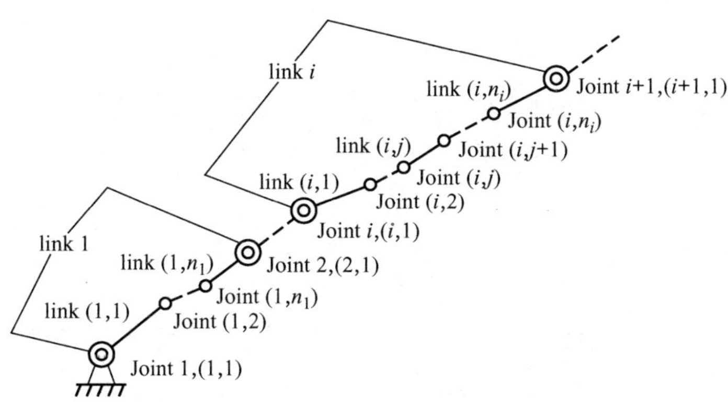


图 2-5 杆件及关节编号方法

图 2-6 中,$n_i$ 指第 $i$ 杆的子杆模型所含虚拟刚性子杆及被动关节的数目,这些子杆和被动关节依次用 link$(i,j)$、Joint$(i,j)$$(j=1,2,\cdots,n_i)$进行编号和表示。Joint $i$ 指主动关节 $i$,而 Joint $i$,$(i,j)$则同时指位置相重合的

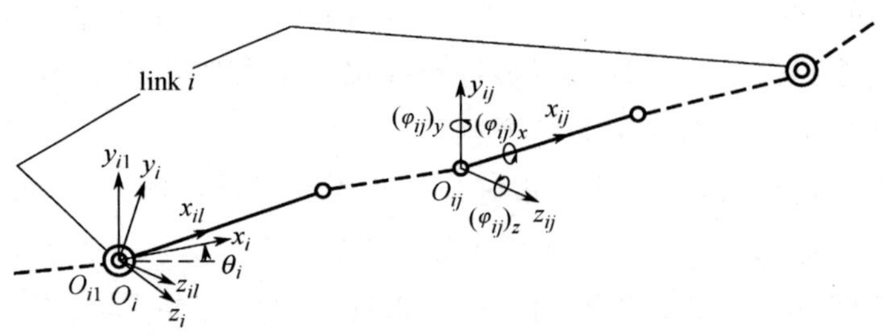


图 2-6 机器人坐标系结构简图

Joint $i$ 及 Joint$(i,j)$。$x_0y_0z_0$ 为固定坐标系，而 $x_iy_iz_i$ 和 $x_{ij}y_{ij}z_{ij}$ 则分别与关节 Joint $i$ 的电机轴和虚拟刚性子杆 link$(i,j)$相连接。$\theta_i$ 是主动关节 Joint $i$ 处的关节角。$(\varphi_{ij})_x$、$(\varphi_{ij})_y$ 和$(\varphi_{ij})_z$ 分别为 Joint$(i,j)$沿轴线 $x_{ij}$，$y_{ij}$ 和 $z_{ij}$ 的角位移，写成角位移向量为 $\varphi_{ij}=[(\varphi_{ij})_x,(\varphi_{ij})_y,(\varphi_{ij})_z]^{\mathrm{T}}$，相应的被动关节弹性系数及阻尼系数向量为 $k_{ij}=[(k_{ij})_x,(k_{ij})_y,(k_{ij})_z]^{\mathrm{T}}$ 和 $d_{ij}=[(d_{ij})_x,(d_{ij})_y,(d_{ij})_z]^{\mathrm{T}}$。参见图 2-4 和 2-6，$m_{ij}$，${}^{ij}\bar{p}_{ij}$，${}^{ij}\bar{s}_{ij}$，${}^{ij}\bar{I}_{ij}$ 分别为 link$(i,j)$的质量，从 $O_{ij}$ 到 $O_{ij+1}$ 的向量，从 $O_{ij}$ 到 link$(i,j)$质心的向量和 link$(i,j)$的惯性张量，左上标指的是参考坐标系。

令 ${}^{a-1}R_a$ 为从$(a-1)$系到 $a$ 系的旋转变换矩阵，$a=11,12,\cdots,1j,\cdots 1n,21,\cdots ij,\cdots,nn_n$，由于 $\sin(\varphi_{ij})\approx\varphi_{ij}$，因此有

$$
{}^{a-1}R_a=R(\theta_i)\begin{bmatrix} 1 & -(\varphi_a)_z & (\varphi_a)_y \\ (\varphi_a)_z & 1 & -(\varphi_a)_x \\ -(\varphi_a)_y & (\varphi_a)_x & 1 \end{bmatrix} \quad (\text{当 } a=i1 \text{ 时}) \tag{2-31}
$$

$$
{}^{a-1}R_a=\begin{bmatrix} 1 & -(\varphi_a)_z & (\varphi_a)_y \\ (\varphi_a)_z & 1 & -(\varphi_a)_x \\ -(\varphi_a)_y & (\varphi_a)_x & 1 \end{bmatrix} \quad (\text{当 } a\neq i1 \text{ 时}) \tag{2-32}
$$

其中，$R(\theta_i)$指实际主动关节 Joint $i$ 处关节角引起的，即从$(i-1,n_{i-1})$系到 $i$ 系的旋转变换矩阵。因此各杆的角速度及角加速度递推公式为

$$
{}^{a}\omega_a={}^{a-1}R_a^{\mathrm{T}}\,{}^{a-1}\omega_{a-1}+[(\dot{\varphi}_a)_x,(\dot{\varphi}_a)_y,(\dot{\varphi}_a)_z+\dot{\theta}_i]^{\mathrm{T}} \quad (\text{当 } a=i1 \text{ 时}) \tag{2-33}
$$

$$ {}^{a}\omega_{a}={}^{a-1}R_{a}^{\mathrm{T}\,a-1}\omega_{a-1}+[(\dot{\varphi}_{a})_{x},(\dot{\varphi}_{a})_{y},(\dot{\varphi}_{a})_{z}]^{\mathrm{T}} \quad (\text{当 } a\neq i1 \text{ 时}) \tag{2-34} $$

$$ \begin{aligned} {}^{a}\dot{\omega}_{a}={}&{}^{a-1}R_{a}^{\mathrm{T}\,a-1}\dot{\omega}_{a-1}+({}^{a-1}R_{a}^{\mathrm{T}\,a-1}\omega_{a-1})\times \\ &[(\dot{\varphi}_{a})_{x},(\dot{\varphi}_{a})_{y},(\dot{\varphi}_{a})_{z}]^{\mathrm{T}}+ \\ &[(\ddot{\varphi}_{a})_{x},(\ddot{\varphi}_{a})_{y},(\ddot{\varphi}_{a})_{z}+\ddot{\theta}_{i}]^{\mathrm{T}} \quad (\text{当 } a=i1 \text{ 时}) \end{aligned} \tag{2-35} $$

$$ \begin{aligned} {}^{a}\dot{\omega}_{a}={}&{}^{a-1}R_{a}^{\mathrm{T}\,a-1}\dot{\omega}_{a-1}+({}^{a-1}R_{a}^{\mathrm{T}\,a-1}\omega_{a-1})\times \\ &[(\dot{\varphi}_{a})_{x},(\dot{\varphi}_{a})_{y},(\dot{\varphi}_{a})_{z}]^{\mathrm{T}}+ \\ &[(\ddot{\varphi}_{a})_{x},(\ddot{\varphi}_{a})_{y},(\ddot{\varphi}_{a})_{z}]^{\mathrm{T}} \quad (\text{当 } a\neq i1 \text{ 时}) \end{aligned} \tag{2-36} $$

各杆的原点及质心线加速度递推公式为

$$ \begin{aligned} {}^{a}\ddot{p}_{a}={}&{}^{a-1}R_{a}^{\mathrm{T}}\{{}^{a-1}\ddot{p}_{a-1}+{}^{a-1}\dot{\omega}_{a-1}\times{}^{a}\bar{p}_{a-1}+{}^{a-1}\omega_{a-1}\times \\ &({}^{a-1}\omega_{a-1}\times{}^{a-1}\bar{p}_{a-1})\} \end{aligned} \tag{2-37} $$

$$ {}^{a}\ddot{s}_{a}={}^{a}\ddot{p}_{a}+{}^{a}\dot{\omega}_{a}\times{}^{a}\bar{s}_{a}+{}^{a}\omega_{a}\times({}^{a}\omega_{a}\times{}^{a}\bar{s}_{a}) \tag{2-38} $$

令${}^{a}f_{a}$和${}^{a}n_{a}$分别为被动关节 Joint $a$ 作用于虚拟子杆 link $a$ 的力和力矩在 $a$ 系中的表示，则有

$$ \begin{aligned} {}^{a}n_{a}={}&-[(k_{a})_{x}(\varphi_{a})_{x},(k_{a})_{y}(\varphi_{a})_{y},(k_{a})_{z}(\varphi_{a})_{z}]^{\mathrm{T}}- \\ &[(d_{a})_{x}(\dot{\varphi}_{a})_{x},(d_{a})_{y}(\dot{\varphi}_{a})_{y},(d_{a})_{z}(\dot{\varphi}_{a})_{z}]^{\mathrm{T}} \end{aligned} \tag{2-39} $$

令${}^{a}\hat{f}_{a}$和${}^{a}\hat{n}_{a}$分别为作用于 link $a$ 的惯性力和力矩，对 link $a$ 列力平衡方程及力矩平衡方程的力和力矩反推公式为

$$ {}^{a}f_{a}={}^{a}R_{a+1}{}^{a+1}f_{a+1}+{}^{a}\hat{f}_{a} \tag{2-40} $$

$$ {}^{a}n_{a}={}^{a}R_{a+1}{}^{a+1}n_{a+1}+{}^{a}\hat{n}_{a}+{}^{a}\hat{s}_{a}\times{}^{a}\hat{f}_{a}+{}^{a}\hat{p}_{a}\times({}^{a}R_{a+1}{}^{a+1}f_{a+1}) \tag{2-41} $$

其中，${}^{m_n}f_{m_n}$和${}^{m_n}n_{m_n}$为环境作用于机器人末端的力和力矩。惯性力及力矩与加速度的关系以及主动关节 Joint $i$ 处的关节驱动力矩为

$$ {}^{a}\hat{f}_{a}=m_{a}{}^{a}\ddot{s}_{a} \tag{2-42} $$

$$ {}^{a}\hat{n}_{a}={}^{a}\overline{I}_{a}{}^{a}\dot{\omega}_{a}+{}^{a}\omega_{a}\times({}^{a}\overline{I}_{a}{}^{a}\omega_{a}) \tag{2-43} $$

$$ \tau_{i}=I_{0i}\ddot{\theta}_{i}+({}^{i1}n_{i1})_{z}=I_{0i}\ddot{\theta}_{i}-(k_{i1})_{z}(\varphi_{i1})_{z}-(d_{i1})_{z}(\dot{\varphi}_{i1})_{z} \tag{2-44} $$

其中，$I_{0i}$指电机轴的转动惯量。为考虑重力的影响，可在取运动参数初值时取

$$^{0}\ddot{p}_{0}=\bar{g} \tag{2-45}$$

其中，$\bar{g}$ 为重力加速度矢量。

这样就得到了由式(2－33)到式(2－45)构成的柔性机器人的完整的牛顿-欧拉动力学递推方程。由它可进行高效率的动力学数值计算，也可进一步推导封闭公式[8]。

### 2.2.5 结构阻尼系数

柔性机器人的柔性杆件在变形、振动过程中，其固有的结构阻尼将使一部分动能转化消耗为热能，对机器人的动力学行为产生影响。因此，有必要研究如何表达和描述柔性杆的结构阻尼。在柔性杆的子杆模型中，各被动关节处的阻尼器主要就是用来模拟结构阻尼，在以往的研究中只是通过试凑的方法来得到这些阻尼系数[9]，局限性很大。本节通过引入结构动力学中Rayleigh阻尼的概念，以等效黏性阻尼来描述柔性杆的结构阻尼，进而可求得阻尼系数。

如前所述，对于每个柔性杆件，都可以求得其作为悬臂梁时的动力学方程 $M\ddot{\varphi}+K\varphi=0$。其中，$M$ 和 $K$ 为该柔性杆的结构质量矩阵和刚度矩阵，而结构阻尼矩阵可由它们的线性组合来得到[10]，即

$$D=\alpha M+\beta K \tag{2-46}$$

其中，组合系数 $\alpha$ 和 $\beta$ 由下式求得[10]。

$$\begin{cases}\alpha=\dfrac{2(\omega_2\xi_1+\omega_1\xi_2)}{\omega_2^2-\omega_1^2}\omega_1\omega_2\\[2ex]\beta=\dfrac{2(\omega_2\xi_2+\omega_1\xi_1)}{\omega_2^2-\omega_1^2}\end{cases} \tag{2-47}$$

其中，$\omega_i$ 和 $\xi_i(i=1,2)$ 为柔性杆的第一、第二阶振动频率和相应的阻尼比，这些参数可通过计算、结构动力学模态分析实验或根据柔性杆所用材料查阅有关资料获得。

这样，按照上述方法就可求得各柔性杆、各被动关节处的阻尼器系数。

### 2.2.6 算例仿真及结果分析

为了对本章所述的柔性机器人的子杆法建模方法及阻尼系数的计算方

法进行研究和探讨，本节首先对一个单杆柔性机器人进行了动态响应数值仿真，并把结果与文献[11]采用高精度的有限元法建模和仿真所得的结果进行了对比。在一定程度上验证了子杆法建模方法和阻尼系数的计算方法的正确性、有效性和良好效果。该机器人柔性杆的各项参数见表 2-1。

**表 2-1 实际柔性杆参数**

| 项 目 | 取 值 |
|---|---|
| 杆长($L$) | 1.5 m |
| 材料杨氏模量($E$) | $2.0\times10^{11}$ N/m$^2$ |
| 杆的线密度($\rho_l$) | 0.8 kg/m |
| 截面惯性矩($I$) | $1.0\times10^{-10}$ m$^4$ |
| 电机转子转动惯量($I_H$) | 0.1 kg·m$^2$ |
| 重力加速度($g$) | 9.8 m/s$^2$ |
| 一阶振动频率($\omega_1$) | 7.815 Hz |
| 二阶振动频率($\omega_2$) | 48.964 Hz |
| 阻尼比($\xi_1,\xi_2$) | 0.15 |

采用 3 个刚性子杆和两个被动关节来构成该柔性杆的子杆模型。其杆件及关节的编号及坐标系建立如图 2-5 和图 2-6 所示。该柔性杆是圆截面杆，在 $x$、$y$、$z$ 这 3 个方向上的子杆参数相同，因此只需求得子杆模型在 $z$ 方向的参数即可。经前述方法优化辨识所得该柔性机器人的虚拟刚性子杆及被动关节模型的各项参数见表 2-2。在根据式(2-19)计算 $J$ 值时取权值向量为单位向量，即对各项动静态参数一视同仁，这就相当于求 * 式的最小二乘解。

**表 2-2 子杆模型参数**

| 项 目 | 符 号 | 取 值 |
|---|---|---|
| 子杆长度 | $l_1$ | 0.503 m |
| | $l_2$ | 0.565 m |
| | $l_3$ | 0.432 m |
| 关节刚度 | $(k_2)_{x,y,z}$ | 20.3 N·m/rad |
| | $(k_3)_{x,y,z}$ | 40.7 N·m/rad |
| 阻尼系数 | $(d_2)_{x,y,z}$ | 0.25 N·m·s/rad |
| | $(d_3)_{x,y,z}$ | 0.097 N·m·s/rad |

仿真时考虑该单杆柔性机器人在水平面内运动(关节转轴垂直于水平面),初始转角和初始转速设为零(即机器人臂杆纵向轴线与 $Ox$ 轴重合且静止不动),并施加如图 2-7 所示的关节驱动力矩。

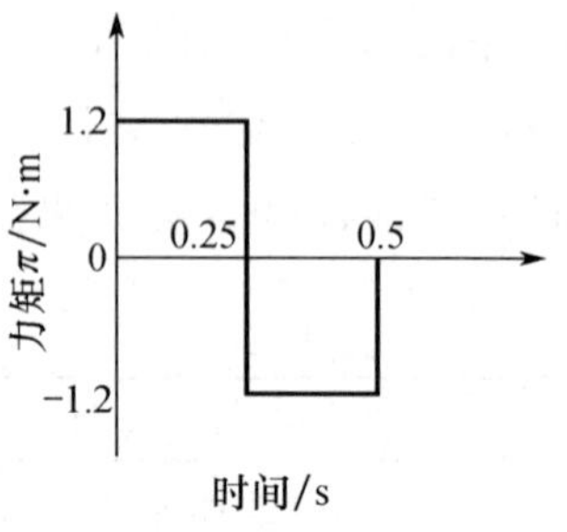


图 2-7 关节驱动力矩

文献[11]采用高精度的有限元法建模,针对相同参数的机器人,在完全相同的初始条件及关节驱动力矩条件下进行了数值仿真。它得到的机器人动态响应曲线如图 2-8 所示,其中(a)为关节转角响应曲线,(b)为机器人末端 $y$ 向的位移响应曲线。图中实线和虚线分别表示考虑和不考虑结构阻尼时的结果(本章其他各响应曲线图也都遵循这一约定)。

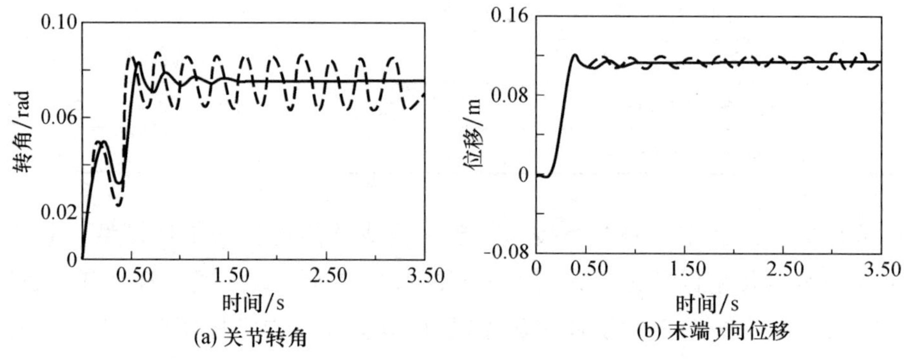


图 2-8 有限元法的结果[11]

为检验本章所述内容,将按子杆法仿真得到的关节转角响应曲线和末端 $y$ 向位移响应曲线,缩放到大致相同的比例示于图 2-9。由图 2-8 和图 2-9 对照可知,子杆法仿真所得的动态响应曲线与文献[11]的结果相当吻合,这就在一定程度上验证了子杆法建模方法及结构阻尼计算方法的有效性和正确性。

仿真得到的机器人末端 $X$ 方向位移响应曲线见图 2-10,而图 2-11、图 2-12 分别为两个被动关节的转角响应曲线。由图 2-11 和图 2-12 可见转角响应的幅度都较小,这和实际情况相符合。由图 2-8、图 2-10、图 2-11 和图 2-12 还可见,是否考虑柔性杆的结构阻尼时不仅柔性变形及振动的幅度有较大差别,动态响应曲线的相位及形状都有较大不同。这就是说不考虑柔性杆结构阻尼将降低整个动力学模型的精度,而不仅是使柔性变形和振动

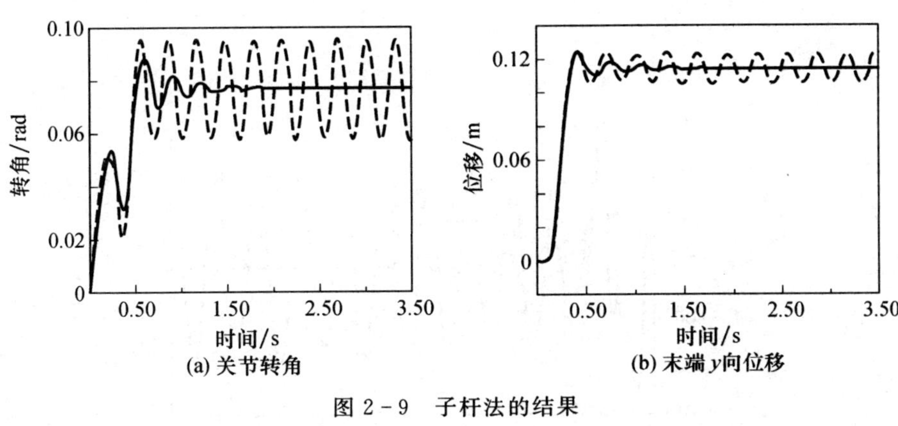


图 2-9 子杆法的结果

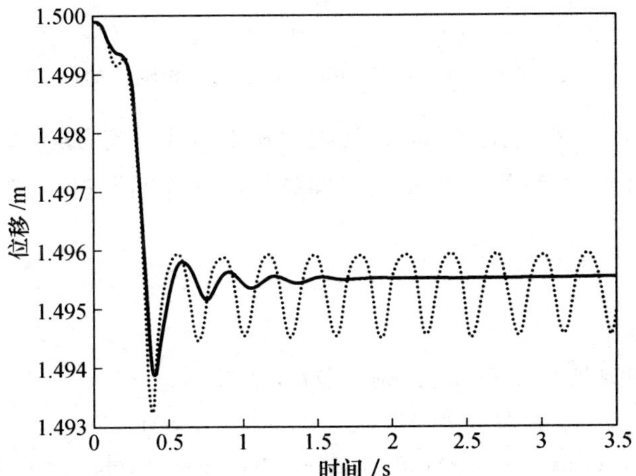


图 2-10 柔性机器人末端 X 方向位移响应曲线

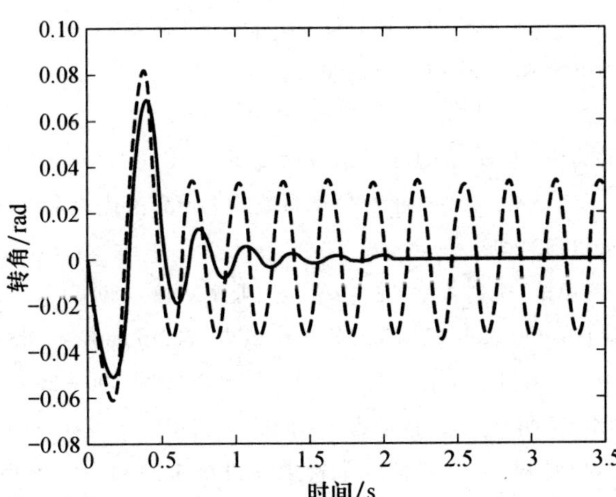


图 2-11 被动关节 Joint(1,2)的转角响应曲线

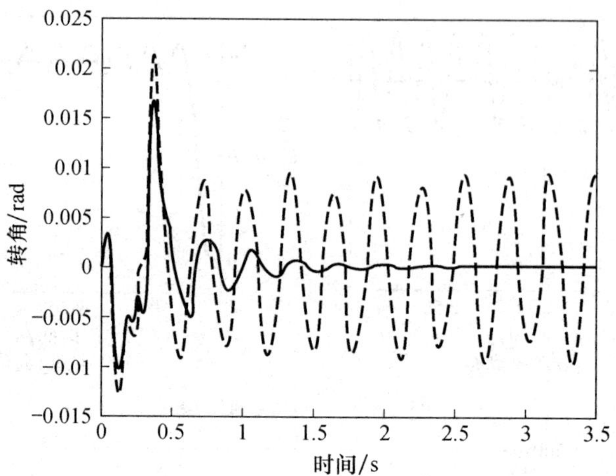


图 2-12 被动关节 Joint(1,3)的转角响应曲线

的幅度有所放大。这一结论对于有关柔性机器人动力学方法振动抑制的研究中的机器人动力学方程的简化及抑振方法的选择等问题有一定的指导意义。

## 参考文献

[1] 杨茀康. 结构动力学. 北京:人民交通出版社,1987.

[2] 刘廷柱,陈文良,陈立群. 振动力学. 北京:高等教育出版社,1998.

[3] Nicosia S, Tomei P, Tornambe A. Discrete dynamics of robot arms. IFAC/IFIP/IACS International Symposium on Theory of Robots, Vienna, Austria, 1986:89-94.

[4] Neuman C P, Tourassis V D. Discrete dynamic robot models. IEEE Trans Systems, Man and Cybernetics, 1985, 15(2):193-204.

[5] 霍炎,刁宝林. 材料力学. 北京:高等教育出版社,1994.

[6] 王文亮. 结构动力学. 上海:复旦大学出版社,1993.

[7] 吴立成,陆震,于守谦等. 柔性杆子杆模型参数的遗传算法优化求解,北京航空航天大学学报,2001,27(1):93-96.

[8] 熊有伦,丁汉,刘恩沧. 机器人学. 北京:机械工业出版社,1993.

[9] Yoshikawa T, Hosoda Koh. Modeling of flexible manipulators using virtual rigid links and passive joints. Int J Robotics Research, 1996, 15(3):290-299.

[10] 张汝清,殷学纲,董明. 计算结构动力学. 重庆:重庆大学出版社,1987.

[11] 徐晨,张景绘,史维祥. 一个高精度单臂柔性机械手的动力学模型. 机器人,1992,14(5):9-13.

# 第 3 章　柔性臂空间机器人动力学建模

本章以一个柔性双臂空间机器人为例，对空间柔性机械臂的动力学建模方法作简要的介绍。借鉴主流的柔性机器人动力学建模方法，将柔性杆视为欧拉-伯努利梁，采用假设模态法描述臂杆的弹性变形，根据拉格朗日方程推导得到系统的封闭形式的动力学方程，进一步展开得到动力学方程的分解形式，并给出了相应的正解和逆解算法。最后讨论了数值仿真算法。

## 3.1　柔性双臂空间机器人动力学建模

空间机器人处于太空失重环境，而且基座不固定，因此其动力学建模过程与地面机器人有所区别。本节以一个柔性双臂空间机器人为例，详细讨论从坐标系建立到动力学方程推导的整个建模过程。

### 3.1.1　坐标系建立

如图 3－1 所示，机器人系统由圆柱形基座和两个对称的双杆机械臂构成，分别简称为杆 1(即基座)，杆 2、杆 3 和杆 4、杆 5，其中杆 3 和杆 5 为柔性杆。杆长分别为 $l_i$($i$=1,2,…,5)，其中，$l_1$ 取为基座的半径。令 $\Sigma_i$ 表示坐标系 $x_iO_iy_i$，则 $\Sigma_0$ 为惯性坐标系，$\Sigma_i$($i$=1,2,…,5)分别为固接于杆 $i$ 的坐标系。基座的质心即为 $O_1$，而杆 $i$ 的质心 $C_i$ 分别

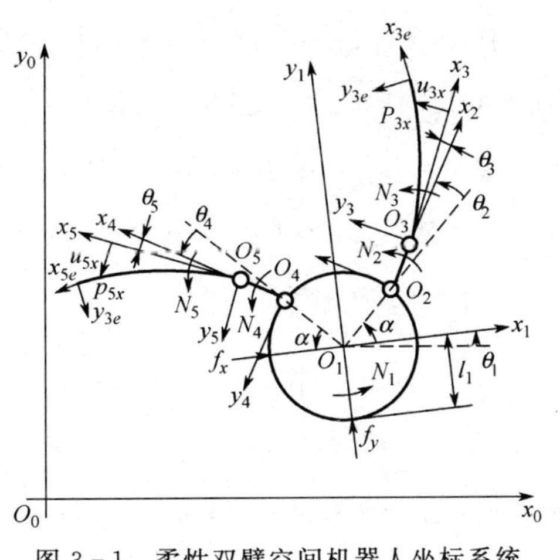


图 3－1　柔性双臂空间机器人坐标系统

位于 $x_i$ 轴上，且距离 $O_i$ 为 $c_i(i=2,3,\cdots,5)$。各杆均有一个关节转角自由度 $\theta_i$，所受驱动力为关节驱动力矩 $N_i(i=1,2,\cdots,5)$。杆1还有两个平移自由度，表示为 $O_1$ 点的位置坐标 $x_1$，$y_1$，对应的驱动力为 $f_x$ 和 $f_y$。视柔性杆为欧拉-伯努利梁，则杆3和杆5还有 $y$ 向弹性变形 $u_{3x}$ 和 $u_{5x}$。$P_{3x}$ 和 $P_{5x}$ 分别指杆3和杆5上距离动坐标系原点为 $x$ 的任一点。

### 3.1.2 变换矩阵

定义 $A_i^j$ 为从 $\Sigma_i$ 到 $\Sigma_j$ 的旋转变换矩阵，$Rz(\theta)=\begin{pmatrix} c\theta & -s\theta \\ s\theta & c\theta \end{pmatrix}$，$c\theta=\cos\theta$，$s\theta=\sin\theta$，则有 $A_1^0=Rz(\theta_1)$，$A_2^1=Rz(\theta_2+\alpha)$，$A_2^0=Rz(\theta_1+\theta_2+\alpha)$，$A_3^2=Rz(\theta_3)$，$A_3^1=Rz(\theta_2+\theta_3+\alpha)$，$A_3^0=Rz(\theta_1+\theta_2+\theta_3+\alpha)$，$A_4^1=Rz(\theta_4+\pi-\alpha)$，$A_4^0=Rz(\theta_1+\theta_4+\pi-\alpha)$，$A_5^4=Rz(\theta_5)$，$A_5^1=Rz(\theta_4+\theta_5+\pi-\alpha)$，$A_5^0=Rz(\theta_1+\theta_4+\theta_5+\pi-\alpha)$。

### 3.1.3 坐标向量

定义 $R_{ij}$ 为点 $O_j$ 在 $\Sigma_i$ 中的坐标向量，$C_{ij}$ 为质心点 $C_j$ 在 $\Sigma_i$ 中的坐标向量，$p_{ix}$ 为点 $P_{ix}$ 在 $\Sigma_0$ 中的坐标向量，$R_{ix}=(x_i,u_{ix})^{\mathrm{T}}(i=3,5)$ 为点 $P_{ix}$ 在 $\Sigma_i$ 中的坐标向量，其中 $y$ 向弹性变形按假设模态法取为 $u_{ix}=\sum_{j=1}^{n}\varphi_{ij}(x)q_{ij}(t)=\varphi_i(x)Q_i(t)$，$n$ 为模态数，而 $\varphi_i(x)=(\varphi_{i1},\varphi_{i2},\cdots,\varphi_{in})$，$Q_i(t)=(q_{i1},q_{i2},\cdots,q_{in})^{\mathrm{T}}$，因此有

$R_{01}=(x_1,y_1)^{\mathrm{T}}$，$R_{12}=(l_1c\alpha,l_1s\alpha)^{\mathrm{T}}$，$R_{14}=(-l_1c\alpha,l_1s\alpha)^{\mathrm{T}}$，$R_{23}=(l_2,0)^{\mathrm{T}}$，$R_{45}=(l_4,0)^{\mathrm{T}}$，$C_{22}=(c_2,0)^{\mathrm{T}}$，$C_{44}=(c_4,0)^{\mathrm{T}}$。

$R_{02}=R_{01}+A_1^0R_{12}$，$R_{03}=R_{02}+A_2^0R_{23}=R_{01}+A_1^0R_{12}+A_2^0R_{23}$，$R_{04}=R_{01}+A_1^0R_{14}$，$R_{05}=R_{04}+A_4^0R_{45}=R_{01}+A_1^0R_{14}+A_4^0R_{45}$，$C_{02}=R_{02}+A_2^0C_{22}$，$C_{04}=R_{04}+A_4^0C_{44}$。

$p_{3x}=R_{03}+A_3^0R_{3x}=R_{01}+A_1^0R_{12}+A_2^0R_{23}+A_3^0\begin{pmatrix} x_3 \\ u_{3x} \end{pmatrix}$，$p_{5x}=R_{05}+A_5^0R_{5x}=R_{01}+A_1^0R_{14}+A_4^0R_{45}+A_5^0\begin{pmatrix} x_5 \\ u_{5x} \end{pmatrix}$，即 $p_{ix}=R_{0i}+A_i^0R_{ix}(i=3,5)$。

### 3.1.4 速度、角速度向量

定义杆 $i$ 的角速度分别为 $\omega_i(i=1,2,\cdots,5)$，则 $\omega_1=\dot{\theta}_1$，$\omega_2=\dot{\theta}_1+\dot{\theta}_2$，$\omega_3=\dot{\theta}_1+\dot{\theta}_2+\dot{\theta}_3$，$\omega_4=\dot{\theta}_1+\dot{\theta}_4$，$\omega_5=\dot{\theta}_1+\dot{\theta}_4+\dot{\theta}_5$。点号指对时间求导数，两点指对时间求二阶导数。

定义旋转变换矩阵及角速度的操作为：$\tilde{x}=\begin{pmatrix}0 & -1\\ 1 & 0\end{pmatrix}\cdot x$，例如，$\tilde{\omega}_i=\begin{pmatrix}0 & -\omega_i\\ \omega_i & 0\end{pmatrix}$，$\tilde{R}z(\theta)=\begin{pmatrix}-s\theta & -c\theta\\ c\theta & -s\theta\end{pmatrix}=\dfrac{\partial Rz(\theta)}{\partial\theta}$，即 $\dot{R}z(\theta)=\tilde{R}z(\theta)\dot{\theta}$，因此有

$$\dot{A}_1^0=\tilde{A}_1^0\omega_1=\tilde{\omega}_1A_1^0,\dot{A}_i^0=\tilde{A}_i^0\omega_i=\tilde{\omega}_iA_i^0(i=1,2,\cdots,5)$$

定义旋转变换矩阵的操作为：$\bar{A}=A\begin{pmatrix}0\\ 1\end{pmatrix}$。

定义 $V_i$ 为 $\Sigma_i$ 原点，即 $O_i$ 的线速度$(i=1,2,\cdots,5)$。杆 2、杆 4 质心的线速度分别为 $V_{2c}$、$V_{4c}$。杆 3、杆 5 上任一点 $P_{3x}$ 和 $P_{5x}$ 的线速度分别为 $V_{3x}$、$V_{5x}$。

定义 $q_1=(x_1,y_1,\theta_1)^{\mathrm{T}}$。$q_i=(x_1,y_1,\theta_1,\theta_i)^{\mathrm{T}}(i=2,4)$。$q_i=(x_1,y_1,\theta_1,\theta_{i-1},\theta_i,Q_i^{\mathrm{T}})^{\mathrm{T}}(i=3,5)$。

定义 $B_i=(\tilde{A}_1^0R_{1(i-1)}+\tilde{A}_{i-1}^0R_{(i-1)i}+\tilde{A}_i^0R_{ix},\tilde{A}_{i-1}^0R_{(i-1)i}+\tilde{A}_i^0R_{ix},\tilde{A}_i^0R_{ix})$，$D_i=\bar{A}_i^0\varphi_i(i=3,5)$。$B_i=(\tilde{A}_1^0R_{1i}+\tilde{A}_i^0C_{ii},\tilde{A}_i^0C_{ii})(i=2,4)$。并取 $I$ 为二阶单位阵，则有

$$V_1=\dot{R}_{01}=(\dot{x}_1,\dot{y}_1)^{\mathrm{T}}$$

$$V_{ic}=\dot{C}_{0i}=\dot{R}_{01}+\dot{A}_1^0R_{1i}+\dot{A}_i^0C_{ii}=\begin{pmatrix}\dot{x}_1\\ \dot{y}_1\end{pmatrix}+\tilde{A}_1^0R_{1i}\dot{\theta}_1+\tilde{A}_i^0C_{ii}(\dot{\theta}_1+\dot{\theta}_i)$$

$$=(I,B_i)\dot{q}_i(i=2,4)$$

$$V_{ix}=\dot{p}_{ix}=\dot{R}_{01}+\tilde{A}_1^0R_{1(i-1)}\dot{\theta}_1+\tilde{A}_{i-1}^0R_{(i-1)i}(\dot{\theta}_1+\dot{\theta}_{i-1})+$$

$$\tilde{A}_i^0R_{ix}(\dot{\theta}_1+\dot{\theta}_{i-1}+\dot{\theta}_i)+A_i^0\begin{pmatrix}0\\ \dot{u}_{ix}\end{pmatrix}$$

$$=\begin{pmatrix}\dot{x}_1\\ \dot{y}_1\end{pmatrix}+\tilde{A}_1^0R_{1(i-1)}\dot{\theta}_1+\tilde{A}_{i-1}^0R_{(i-1)i}(\dot{\theta}_1+\dot{\theta}_{i-1})+$$

$$\tilde{A}_i^0R_{ix}(\dot{\theta}_1+\dot{\theta}_{i-1}+\dot{\theta}_i)+\bar{A}_i^0\varphi_i\dot{Q}_i$$

$$=(I,B_i,D_i)\dot{q}_i(i=3,5)$$

### 3.1.5 系统动能

各刚性杆的质量和关于质心的转动惯量为 $m_i$ 和 $I_i(i=1,2,4)$，杆 3 和杆 5 的线密度为 $\rho$，定义各杆的动能为 $T_i(i=1,2,\cdots,5)$，则有

$$T_1=\frac{1}{2}m_1V_1^{\mathrm T}V_1+\frac{1}{2}I_1\dot\theta_1^2=\frac{1}{2}\dot q_1^{\mathrm T}M_1\dot q_1\text{，其中，}M_1=\begin{pmatrix}m_1 & & \\ & m_1 & \\ & & I_1\end{pmatrix}$$

当 $i=2,4$ 时，$T_i=\frac{1}{2}m_iV_{ci}^{\mathrm T}V_{ci}+\frac{1}{2}I_i\omega_i^2=\frac{1}{2}\dot q_i^{\mathrm T}M_i\dot q_i$，$M_i=\begin{pmatrix}m_iI & m_iB_i\\ m_iB_i^{\mathrm T} & m_iB_i^{\mathrm T}B_i+I_iI\end{pmatrix}$。

当 $i=3,5$ 时，$T_i=\int_0^{l_i}\frac{1}{2}\rho V_{ix}^{\mathrm T}V_{ix}\,\mathrm dx=\frac{1}{2}\dot q_i^{\mathrm T}M_i\dot q_i$，其中，

$$M_i=\int_0^{l_i}\rho\begin{bmatrix}I & B_i & D_i\\ B_i^{\mathrm T} & B_i^{\mathrm T}B_i & B_i^{\mathrm T}D_i\\ D_i^{\mathrm T} & D_i^{\mathrm T}B_i & D_i^{\mathrm T}D_i\end{bmatrix}\mathrm dx=\begin{bmatrix}M_{rri} & M_{r\theta i} & M_{rfi}\\ & M_{\theta\theta i} & M_{\theta fi}\\ \text{对称} & & M_{ffi}\end{bmatrix}$$

### 3.1.6 质量矩阵

定义 $i=2,4$ 时 $tt1_i=\tilde A_1^0R_{1i}$，$tt2_i=\tilde A_i^0C_{ii}$；$i=3,5$ 时 $tt1_i=\tilde A_1^0R_{1(i-1)}$，$tt2_i=\tilde A_{i-1}^0R_{(i-1)i}$，$tt3_i=\tilde A_i^0R_{ix}$。因此，$B_i=(tt1_i+tt2_i,tt2_i)(i=2,4)$，$B_i=(tt1_i+tt2_i+tt3_i,tt2_i+tt3_i,tt3_i)(i=3,5)$。

分别用右标 $t$、$b$、$r$、$f$、$e$ 表示与基座移动、基座转动、刚性连杆转角、柔性连杆转角及弹性变形的广义坐标相关，如 $mtf$ 表示质量矩阵中与基座移动和柔性连杆转角相关的项目。

系统质量矩阵可由 $M_i(i=1,2,\cdots,5)$ 组装而成，$M_1=\begin{pmatrix}mtt_1 & mtb_1\\ \text{对称} & mbb_1\end{pmatrix}$，其中，$mtt_1=m_1I$，$mtb_1=0_{2\times1}$，$mbb_1=I_1$。

(1) 以下求解 $M_i=\begin{pmatrix}m_iI & m_iB_i\\ m_iB_i^{\mathrm T} & m_iB_i^{\mathrm T}B_i+I_iI\end{pmatrix}(i=2,4)$。

由于 $tt1_i^{\mathrm T}tt2_i=tt2_i^{\mathrm T}tt1_i$，$B_i^{\mathrm T}B_i=\begin{bmatrix}tt1_i^{\mathrm T}tt1_i+2tt1_i^{\mathrm T}tt2_i+tt2_i^{\mathrm T}tt2_i & (tt1_i^{\mathrm T}tt2_i+tt2_i^{\mathrm T}tt2_i)\\ \text{对称} & tt2_i^{\mathrm T}tt2_i\end{bmatrix}$，

其中，$tt1_i^{\mathrm{T}}tt1_i=R_{1i}^{\mathrm{T}}\tilde{A}_1^{0\mathrm{T}}\tilde{A}_1^0R_{1i}=l_1^2$，$tt1_i^{\mathrm{T}}tt2_i=R_{1i}^{\mathrm{T}}\tilde{A}_1^{0\mathrm{T}}\tilde{A}_i^0C_{ii}=R_{1i}^{\mathrm{T}}A_i^1C_{ii}$，$tt2_i^{\mathrm{T}}tt2_i=C_{ii}^{\mathrm{T}}\tilde{A}_i^{0\mathrm{T}}\tilde{A}_i^0C_{ii}=c_i^2$。

因此有

$$M_i=\begin{bmatrix} mtt_i & mtb_i & mtr_i \\ & mbb_i & mbr_i \\ \text{对称} & & mrr_i \end{bmatrix}\quad (i=2,4)$$

其中，$mtt_i=m_iI$，$mtb_i=m_i(tt1_i+tt2_i)=m_i(\tilde{A}_1^0R_{1i}+\tilde{A}_i^0C_{ii})$，$mtr_i=m_itt2_i=m_i\tilde{A}_i^0C_{ii}$，$mbb_i=m_i(tt1_i^{\mathrm{T}}tt1_i+2tt1_i^{\mathrm{T}}tt2_i+tt2_i^{\mathrm{T}}tt2_i)+I_i=m_i(l_1^2+2R_{1i}^{\mathrm{T}}A_i^1C_{ii}+c_i^2)+I_i$，$mbr_i=m_i(tt1_i^{\mathrm{T}}tt2_i+tt2_i^{\mathrm{T}}tt2_i)=m_i(R_{1i}^{\mathrm{T}}A_i^1C_{ii}+c_i^2)$，$mrr_i=m_itt2_i^{\mathrm{T}}tt2_i+I_i=m_ic_i^2+I_i$。

(2) 以下求 $M_i(i=3,5)$。

① $M_{rri}=\int_0^{l_i}\rho I\,\mathrm{d}x=\begin{bmatrix} m_i & \\ & m_i \end{bmatrix}$。

② $M_{r\theta i}=\int_0^{l_i}\rho B_i\,\mathrm{d}x=\int_0^{l_i}\rho(tt1_i+tt2_i+tt3_i,tt2_i+tt3_i,tt3_i)\,\mathrm{d}x$。

定义 $\overline{I}_i=\int_0^{l_i}\rho x\,\mathrm{d}x=\frac{1}{2}m_il_i$，$\bar{s}_{ij}=\int_0^{l_i}\rho\varphi_{ij}\,\mathrm{d}x$，$\overline{S}_i=\int_0^{l_i}\rho\varphi_i\,\mathrm{d}x=(\bar{s}_{i1},\bar{s}_{i2},\cdots,\bar{s}_{in})$，$W_i=\int_0^{l_i}\rho R_{ix}\,\mathrm{d}x=\int_0^{l_i}\rho\begin{pmatrix} x_i \\ u_{ix}\end{pmatrix}\mathrm{d}x=\begin{pmatrix}\overline{I}_i \\ \overline{S}_iQ_i\end{pmatrix}$，$t1_i=\int_0^{l_i}\rho tt1_i\,\mathrm{d}x=\int_0^{l_i}\rho\tilde{A}_1^0R_{1(i-1)}\,\mathrm{d}x=m_i\tilde{A}_1^0R_{1(i-1)}$，$t2_i=\int_0^{l_i}\rho\,tt2_i\,\mathrm{d}x=m_i\tilde{A}_{(i-1)}^0R_{(i-1)i}$，$t3_i=\int_0^{l_i}\rho tt3_i\,\mathrm{d}x=\int_0^{l_i}\rho\tilde{A}_i^0R_{ix}\,\mathrm{d}x=\tilde{A}_i^0W_i$。则有 $M_{r\theta i}=(t1_i+t2_i+t3_i,t2_i+t3_i,t3_i)$。

③ $M_{rfi}=\int_0^{l_i}\rho D_i\,\mathrm{d}x=\int_0^{l_i}\rho\overline{A}_i^0\varphi_i\,\mathrm{d}x=\overline{A}_i^0\overline{S}_i$。

④ $M_{\theta\theta i}=\int_0^{l_i}\rho B_i^{\mathrm{T}}B_i\,\mathrm{d}x$。由于 $ttj_i^{\mathrm{T}}ttk_i=ttk_i^{\mathrm{T}}ttj_i$，定义 $a_{jk}=ttj_i^{\mathrm{T}}ttk_i=ttk_i^{\mathrm{T}}ttj_i$，则有

$$B_i^{\mathrm{T}}B_i=\begin{bmatrix} a_{11}+a_{22}+a_{33}+2a_{12}+2a_{13}+2a_{23} & a_{22}+a_{33}+a_{12}+a_{13}+2a_{23} & a_{33}+a_{13}+a_{23} \\ & a_{22}+a_{33}+2a_{23} & a_{22}+a_{23} \\ \text{对称} & & a_{33} \end{bmatrix}$$

$$t4_i=\int_0^{l_i}\rho a_{11}\,\mathrm{d}x$$

$$
\begin{aligned}
&= \int_0^{l_i} \rho tt1_i^{\mathrm{T}} tt1_i \mathrm{d}x \\
&= \int_0^{l_i} \rho R_{1(i-1)}^{\mathrm{T}} \widetilde{A}_1^{0\,\mathrm{T}} \widetilde{A}_1^0 R_{1(i-1)} \mathrm{d}x \\
&= m_i l_1^2 \\
t5_i &= \int_0^{l_i} \rho a_{12} \mathrm{d}x \\
&= \int_0^{l_i} \rho t1_i^{\mathrm{T}} tt2_i \mathrm{d}x \\
&= \int_0^{l_i} \rho R_{1(i-1)}^{\mathrm{T}} \widetilde{A}_1^{0\,\mathrm{T}} \widetilde{A}_{i-1}^0 R_{(i-1)i} \mathrm{d}x \\
&= m_i R_{1(i-1)}^{\mathrm{T}} A_{i-1}^1 R_{(i-1)i} \\
t6_i &= \int_0^{l_i} a_{13} \mathrm{d}x \\
&= \int_0^{l_i} tt1_i^{\mathrm{T}} tt3_i \mathrm{d}x \\
&= \int_0^{l_i} \rho R_{1(i-1)}^{\mathrm{T}} A_i^1 R_{ix} \mathrm{d}x \\
&= R_{1(i-1)}^{\mathrm{T}} A_i^1 W_i \\
t7_i &= \int_0^{l_i} \rho a_{22} \mathrm{d}x \\
&= \int_0^{l_i} \rho tt2_i^{\mathrm{T}} tt2_i \mathrm{d}x \\
&= \int_0^{l_i} \rho R_{(i-1)i}^{\mathrm{T}} \widetilde{A}_{(i-1)}^{0\mathrm{T}} \widetilde{A}_{i-1}^0 R_{(i-1)i} \mathrm{d}x \\
&= m_i l_{i-1}^2 \\
t8_i &= \int_0^{l_i} a_{23} \mathrm{d}x \\
&= \int_0^{l_i} tt2_i^{\mathrm{T}} tt3_i \mathrm{d}x \\
&= \int_0^{l_i} \rho R_{(i-1)i}^{\mathrm{T}} A_i^{i-1} R_{ix} \mathrm{d}x \\
&= R_{(i-1)i}^{\mathrm{T}} A_i^{i-1} W_i
\end{aligned}
$$

定义 $\widetilde{I}_i = \int_0^{l_i} \rho x_i^2 \mathrm{d}x = \frac{1}{3} m_i l_i^2$，$\widetilde{s}_{ijk} = \int_0^{l_i} \rho \varphi_{ij} \varphi_{ik} \mathrm{d}x = \widetilde{s}_{ikj}$，$\widetilde{S}_i = \int_0^{l_i} \rho \varphi_i^{\mathrm{T}} \varphi_i \mathrm{d}x = \begin{bmatrix} \widetilde{s}_{i11} & \widetilde{s}_{i12} & \cdots & \widetilde{s}_{i1n} \\ \widetilde{s}_{i21} & \widetilde{s}_{i22} & \cdots & \widetilde{s}_{i2n} \\ \vdots & \vdots & \ddots & \vdots \\ \widetilde{s}_{in1} & \widetilde{s}_{in2} & \cdots & \widetilde{s}_{inn} \end{bmatrix}$，$t9_i = \int_0^{l_i} tt3_i^{\mathrm{T}} tt3_i \mathrm{d}x = \int_0^{l_i} \rho R_{ix}^{\mathrm{T}} R_{ix} \mathrm{d}x = \int_0^{l_i} \rho (x_i^2 + u_{ix}^2)$

$\mathrm{d}x = \tilde{I}_i + Q_i^{\mathrm{T}}\tilde{S}_i Q_i$，因此有

$$M_{\theta\theta i} = \begin{bmatrix} t4_i + 2t5_i + 2t6_i + t7_i + 2t8_i + t9_i & t5_i + t6_i + t7_i + 2t8_i + t9_i & t6_i + t8_i + t9_i \\ & t7_i + 2t8_i + t9_i & t7_i + t8_i \\ \text{对称} & & t9_i \end{bmatrix}$$

⑤ $M_{\theta fi} = \int_0^{l_i} \rho B_i^{\mathrm{T}} D_i \mathrm{d}x, B_i^{\mathrm{T}} D_i = (tt1_i + tt2_i + tt3_i, tt2_i + tt3_i, tt3_i)^{\mathrm{T}} D_i =$

$$\begin{pmatrix} tt1_i^{\mathrm{T}} D_i + tt2_i^{\mathrm{T}} D_i + tt3_i^{\mathrm{T}} D_i \\ tt2_i^{\mathrm{T}} D_i + tt3_i^{\mathrm{T}} D_i \\ tt3_i^{\mathrm{T}} D_i \end{pmatrix}$$，其中，

$tt1_i^{\mathrm{T}} D_i = R_{1(i-1)}^{\mathrm{T}} \tilde{A}_1^{0\,\mathrm{T}} \overline{A}_i^0 \varphi_i = -R_{1(i-1)}^{\mathrm{T}}$

$\overline{\overline{A}}_i^1 \varphi_i, tt2_i^{\mathrm{T}} D_i = R_{(i-1)i}^{\mathrm{T}} \tilde{A}_{i-1}^{0\mathrm{T}} \overline{A}_i^0 \varphi_i = -R_{(i-1)i}^{\mathrm{T}} \overline{\overline{A}}_i^{i-1} \varphi_i, tt3_i^{\mathrm{T}} D_i = R_{ix}^{\mathrm{T}} \tilde{A}_i^{0\,\mathrm{T}} \overline{A}_i^0$
$\varphi_i = x_i \varphi_i$。

定义行向量 $\tilde{H}_i = \int_0^{l_i} \rho x_i \varphi_i \mathrm{d}x$，因此有

$$t10_i = \int_0^{l_i} tt1_i^{\mathrm{T}} D_i \mathrm{d}x = \int_0^{l_i} -\rho R_{1(i-1)}^{\mathrm{T}} \overline{\overline{A}}_i^1 \varphi_i \mathrm{d}x = -R_{1(i-1)}^{\mathrm{T}} \overline{\overline{A}}_i^1 \overline{S}_i,$$

$$t11_i = \int_0^{l_i} tt2_i^{\mathrm{T}} D_i \mathrm{d}x = -R_{(i-1)i}^{\mathrm{T}} \overline{\overline{A}}_i^{i-1} \overline{S}_i,$$

$$t12_i = \int_0^{l_i} tt3_i^{\mathrm{T}} D_i \mathrm{d}x = \int_0^{l_i} \rho x_i \varphi_i \mathrm{d}x = \tilde{H}_i,$$

$$M_{\theta fi} = \begin{pmatrix} t10_i + t11_i + t12_i \\ t11_i + t12_i \\ t12_i \end{pmatrix}。$$

⑥ $M_{ffi} = \int_0^{l_i} \rho D_i^{\mathrm{T}} D_i \mathrm{d}x$。

由于 $D_i^{\mathrm{T}} D_i = \varphi_i^{\mathrm{T}} \overline{A}_i^{0\,\mathrm{T}} \overline{A}_i^0 \varphi_i = \varphi_i^{\mathrm{T}} \varphi_i$。因此有 $M_{ffi} = \tilde{S}_i$。

⑦ 至此有

$$M_i = \begin{pmatrix} mtt_i & mtb_i & mtr_i & mtf_i & mte_i \\ & mbb_i & mbr_i & mbf_i & mbe_i \\ & & mrr_i & mrf_i & mre_i \\ \text{对} & & & mff_i & mfe_i \\ & \text{称} & & & mee_i \end{pmatrix} \quad (i=3,5)$$

其中：

$mtt_i = m_i I$，　　$mtb_i = t1_i + t2_i + t3_i$，

$mtr_i = t2_i + t3_i$，　　$mtf_i = t3_i$，

$mte_i = \overline{A}_i^0 \overline{S}_i$，　　$mbb_i = t4_i + 2t5_i + 2t6_i + t7_i + 2t8_i + t9_i$，

$mbr_i = t5_i + t6_i + t7_i + 2t8_i + t9_i$，　　$mbf_i = t6_i + t8_i + t9_i$，

$mbe_i = t10_i + t11_i + t12_i$，　　$mrr_i = t7_i + 2t8_i + t9_i$，

$mrf_i = t7_i + t8_i$，　　$mre_i = t11_i + t12_i$，

$mff_i = t9_i, mfe_i = t12_i$，　　$mee_i = \widetilde{S}_i$。

以下将 $M_1$、$M_i(i=2,4)$及 $M_i(i=3,5)$叠加组合获得系统总的质量矩阵。

定义描述基座移动、基座转动、刚性连杆转角、柔性连杆转角及弹性变形的广义坐标分别为

$$qt = (x_1, y_1)^{\mathrm{T}}, qb = \theta_1, qri = \theta_i(i=2,4), qfi = \theta_i(i=3,5), qei = Q_i(i=3,5)$$

定义系统总的广义坐标为

$$\begin{aligned} p &= (x_1, y_1, \theta_1, \theta_2, \theta_3, \theta_4, \theta_5, Q_3^{\mathrm{T}}, Q_5^{\mathrm{T}})^{\mathrm{T}} \\ &= (qt^{\mathrm{T}}, qb, qr2, qf3, qr4, qf5, qe3^{\mathrm{T}}, qe5^{\mathrm{T}})^{\mathrm{T}} \end{aligned}$$

其维数为 $m = 7 + 2n$。

由于系统总动能为 $T = \sum T_i = \sum_{i=1}^{5} \frac{1}{2} \dot{q}_i^{\mathrm{T}} M_i \dot{q}_i = \frac{1}{2} \dot{p}^{\mathrm{T}} M \dot{p}$，所以系统质量矩阵 $M$ 可由 $M_i$叠加组合而成，即

$$M = \begin{bmatrix} \sum_{i=1}^{5} mtt_i & \sum_{i=1}^{5} mtb_i & \sum_{i=2}^{3} mtr_i & mtf_3 & \sum_{i=4}^{5} mtr_i & mtf_5 & mte_3 & mte_5 \\ & \sum_{i=1}^{5} mbb_i & \sum_{i=2}^{3} mbr_i & mbf_3 & \sum_{i=4}^{5} mbr_i & mbf_5 & mbe_3 & mbe_5 \\ & & \sum_{i=2}^{3} mrr_i & mrf_3 & 0 & 0 & mre_3 & 0 \\ & & & mff_3 & 0 & 0 & mfe_3 & 0 \\ & \text{对} & & & \sum_{i=4}^{5} mrr_i & mrf_5 & 0 & mre_5 \\ & & \text{称} & & & mff_5 & 0 & mfe_5 \\ & & & & & & mee_3 & 0 \\ & & & & & & & mee_5 \end{bmatrix} \tag{3-1}$$

### 3.1.7 刚度矩阵

忽略重力，系统的势能为柔性杆的变形能，可写为 $V=\frac{1}{2}p^{\mathrm{T}}Kp=U_3+U_5$。对 $i=3,5$ 有 $(u''_{ix})^2=\varphi''_iQ_i\varphi''_iQ_i=Q_i{}^{\mathrm{T}}\varphi''^{\mathrm{T}}_i\varphi''_iQ_i$，$U_i=\frac{1}{2}Q_i^{\mathrm{T}}KQ_i=\frac{1}{2}\int_0^{l_i}EI_i(u''_{ix})^2\mathrm{d}x=\frac{1}{2}Q_i^{\mathrm{T}}\int_0^{l_i}EI_i\varphi''^{\mathrm{T}}_i\varphi''_i\mathrm{d}xQ_i$。定义 $K_i=\int_0^{l_i}EI_i\varphi''^{\mathrm{T}}_i\varphi''_i\mathrm{d}x$，则$K=\mathrm{diag}(0,K_3,K_5)^{\mathrm{T}}=\begin{bmatrix}0 & & \\ & K_3 & \\ & & K_5\end{bmatrix}$。撇号指对 $x$ 求导数，两撇指对 $x$ 求二阶导数。

### 3.1.8 质量矩阵对广义坐标的偏导数

根据式(3－1)对应定义 $M11=\sum_{i=1}^{5}mtt_i$，$M12=\sum_{i=1}^{5}mtb_i$，$M13=\sum_{i=2}^{3}mtr_i$，…，$M88=mee_5$，则有

$$M=\begin{bmatrix}M11 & M12 & M13 & M14 & M15 & M16 & M17 & M18\\ & M22 & M23 & M24 & M25 & M26 & M27 & M28\\ & & M33 & M34 & 0 & 0 & M37 & 0\\ & & & M44 & 0 & 0 & M47 & 0\\ & 对 & & & M55 & M56 & 0 & M58\\ & & 称 & & & M66 & 0 & M68\\ & & & & & & M77 & 0\\ & & & & & & & M88\end{bmatrix} \tag{3-2}$$

定义 $Mij_k=\frac{\partial Mij}{\partial p_k}(i=1,2,\cdots,5)$，可得$\frac{\partial M}{\partial p_j}$如下：

(1) $\frac{\partial M}{\partial p_1}=\frac{\partial M}{\partial x_1}=0_{m\times m}$。

(2) $\frac{\partial M}{\partial p_2}=\frac{\partial M}{\partial y_1}=0_{m\times m}$。

(3) $\frac{\partial M}{\partial p_3}=\frac{\partial M}{\partial \theta_1}$

$$=\begin{bmatrix}0_{2\times 2} & M12_3 & M13_3 & M14_3 & M15_3 & M16_3 & M17_3 & M18_3\\ 对称 & & & & 0_{(m-2)\times(m-2)} & & & \end{bmatrix},$$

其中，

$$M12_3=\sum_{i=2}^{5}\frac{\partial mtb_i}{\partial\theta_1}=-m_2(A_1^0R_{12}+A_2^0C_{22})-m_4(A_1^0R_{14}+A_4^0C_{44})-m_3(A_1^0R_{12}+A_2^0R_{23})-A_3^0W_3-m_5(A_1^0R_{14}+A_4^0R_{45})-A_5^0W_5,$$

$$M13_3=\sum_{i=2}^{3}\frac{\partial mtr_i}{\partial\theta_1}=-m_2A_2^0C_{22}-m_3A_2^0R_{23}-A_3^0W_3$$

$$M14_3=\frac{\partial mtf_3}{\partial\theta_1}=-A_3^0W_3,$$

$$M15_3=\sum_{i=4}^{5}\frac{\partial mtr_i}{\partial\theta_1}=-m_4A_4^0C_{44}-m_5A_4^0R_{45}-A_5^0W_5,$$

$$M16_3=\frac{\partial mtf_5}{\partial\theta_1}=-A_5^0W_5,$$

$$M17_3=\frac{\partial mte_3}{\partial\theta_1}=\bar{\tilde{A}}_3^0\bar{S}_3,$$

$$M18_3=\frac{\partial mte_5}{\partial\theta_1}=\bar{\tilde{A}}_5^0\bar{S}_5。$$

(4) $$\frac{\partial M}{\partial p_4}=\frac{\partial M}{\partial\theta_2}=\begin{bmatrix}0_{2\times 2} & M12_4 & M13_4 & M14_4 & 0_{3\times1} & 0_{3\times1} & M17_4 & 0_{3\times n}\\ & M22_4 & M23_4 & M24_4 & & & M27_4 & \\ \text{对称} & & & & 0_{(m-3)\times(m-3)} & & & \end{bmatrix},$$

其中，

$$M12_4=\sum_{i=2}^{3}\frac{\partial mtb_i}{\partial\theta_2}=-m_2A_2^0C_{22}-m_3A_2^0R_{23}-A_3^0W_3,$$

$$M13_4=\sum_{i=2}^{3}\frac{\partial mtr_i}{\partial\theta_2}=-m_2A_2^0C_{22}-m_3A_2^0R_{23}-A_3^0W_3,$$

$$M14_4=\frac{\partial mtf_3}{\partial\theta_2}=-A_3^0W_3,$$

$$M17_4=\frac{\partial mte_3}{\partial\theta_2}=\bar{\tilde{A}}_3^0\bar{S}_3,$$

$$M22_4=\sum_{i=2}^{3}\frac{\partial mbb_i}{\partial\theta_2}=2m_2R_{12}^{\mathrm{T}}\tilde{A}_2^1C_{22}+2m_3R_{12}^{\mathrm{T}}\tilde{A}_2^1R_{23}+2R_{12}^{\mathrm{T}}\tilde{A}_3^1W_3,$$

$$M23_4=\sum_{i=2}^{3}\frac{\partial mbr_i}{\partial\theta_2}=m_2R_{12}^{\mathrm{T}}\tilde{A}_2^1C_{22}+m_3R_{12}^{\mathrm{T}}\tilde{A}_2^1R_{23}+R_{12}^{\mathrm{T}}\tilde{A}_3^1W_3,$$

$$M24_4=\frac{\partial mbf_3}{\partial\theta_2}=R_{12}^{\mathrm{T}}\tilde{A}_3^1W_3,$$

$$M27_4=\frac{\partial mbe_3}{\partial\theta_2}=R_{12}^{\mathrm{T}}\overline{A}_3^1\overline{S}_3\text{。}$$

(5) $$\frac{\partial M}{\partial p_5}=\frac{\partial M}{\partial\theta_3}=\begin{bmatrix} 0_{2\times2} & M12_5 & M13_5 & M14_5 & & & M17_5 & \\ & M22_5 & M23_5 & M24_5 & 0_{4\times1} & 0_{4\times1} & M27_5 & 0_{4\times n} \\ & & M33_5 & M34_5 & & & M37_5 & \\ \text{对称} & & & 0_{(m-4)\times(m-4)} & & & & \end{bmatrix},$$

其中，

$$M12_5=\frac{\partial mtb_3}{\partial\theta_3}=-A_3^0W_3,$$

$$M13_5=\frac{\partial mtr_3}{\partial\theta_3}=-A_3^0W_3,$$

$$M14_5=\frac{\partial mtf_3}{\partial\theta_3}=-A_3^0W_3,$$

$$M17_5=\frac{\partial mte_3}{\partial\theta_3}=\overline{\widetilde{A}}{}_3^0\overline{S}_3,$$

$$M22_5=\frac{\partial mbb_3}{\partial\theta_3}=2R_{12}^{\mathrm{T}}\widetilde{A}_3^1W_3+2R_{23}^{\mathrm{T}}\widetilde{A}_3^2W_3,$$

$$M23_5=\frac{\partial mbr_3}{\partial\theta_3}=R_{12}^{\mathrm{T}}\widetilde{A}_3^1W_3+2R_{23}^{\mathrm{T}}\widetilde{A}_3^2W_3,$$

$$M24_5=\frac{\partial mbf_3}{\partial\theta_3}=R_{12}^{\mathrm{T}}\widetilde{A}_3^1W_3+R_{23}^{\mathrm{T}}\widetilde{A}_3^2W_3,$$

$$M27_5=\frac{\partial mbe_3}{\partial\theta_3}=R_{12}^{\mathrm{T}}\overline{A}_3^1\overline{S}_3+R_{23}^{\mathrm{T}}\overline{A}_3^2\overline{S}_3,$$

$$M33_5=\frac{\partial mrr_3}{\partial\theta_3}=2R_{23}^{\mathrm{T}}\widetilde{A}_3^2W_3,$$

$$M34_5=\frac{\partial mrf_3}{\partial\theta_3}=R_{23}^{\mathrm{T}}\widetilde{A}_3^2W_3,$$

$$M37_5=\frac{\partial mre_3}{\partial\theta_3}=R_{23}^{\mathrm{T}}\overline{A}_3^2\overline{S}_3\text{。}$$

(6) $$\frac{\partial M}{\partial p_6}=\frac{\partial M}{\partial\theta_4}$$

$$=\begin{bmatrix} 0_{2\times2} & M12_6 & & & M15_6 & M16_6 & & M18_6 \\ & M22_6 & 0_{3\times1} & 0_{3\times1} & M25_6 & M26_6 & 0_{3\times n} & M28_6 \\ \text{对称} & & & & 0_{(m-3)\times(m-3)} & & & \end{bmatrix},$$

其中，

$$M12_6=\sum_{i=4}^{5}\frac{\partial mtb_i}{\partial\theta_4}=-m_4A_4^0C_{44}-m_5A_4^0R_{45}-A_5^0W_5,$$

$$M15_6=\sum_{i=4}^{5}\frac{\partial mtr_i}{\partial\theta_4}=-m_4A_4^0C_{44}-m_5A_4^0R_{45}-A_5^0W_5,$$

$$M16_6=\frac{\partial mtf_5}{\partial\theta_4}=-A_5^0W_5,$$

$$M18_6=\frac{\partial mte_5}{\partial\theta_4}=\overline{\widetilde{A}}{}_5^0\overline{S}_5,$$

$$M22_6=\sum_{i=4}^{5}\frac{\partial mbb_i}{\partial\theta_4}=2m_4R_{14}^{\mathrm{T}}\widetilde{A}_4^1C_{44}+2m_5R_{14}^{\mathrm{T}}\widetilde{A}_4^1R_{45}+2R_{14}^{\mathrm{T}}\widetilde{A}_5^1W_5,$$

$$M25_6=\sum_{i=4}^{5}\frac{\partial mbr_i}{\partial\theta_4}=m_4R_{14}^{\mathrm{T}}\widetilde{A}_4^1C_{44}+m_5R_{14}^{\mathrm{T}}\widetilde{A}_4^1R_{45}+R_{14}^{\mathrm{T}}\widetilde{A}_5^1W_5,$$

$$M26_6=\frac{\partial mbf_5}{\partial\theta_4}=R_{14}^{\mathrm{T}}\widetilde{A}_5^1W_5,$$

$$M28_6=\frac{\partial mbe_5}{\partial\theta_4}=R_{14}^{\mathrm{T}}\overline{\widetilde{A}}{}_5^1\overline{S}_5。$$

(7) $\dfrac{\partial M}{\partial p_7}=\dfrac{\partial M}{\partial\theta_5}$

$$=\begin{bmatrix}0_{2\times2} & M12_7 & 0_{2\times1} & 0_{2\times1} & M15_7 & M16_7 & 0_{2\times1} & M18_7\\ & M22_7 & 0 & 0 & M25_7 & M26_7 & 0 & M28_7\\ & & 0 & 0 & 0 & 0 & 0 & 0\\ & & & 0 & 0 & 0 & 0 & 0\\ & & & & M55_7 & M56_7 & 0 & M58_7\\ \text{对称} & & & & & 0_{(m-6)\times(m-6)} & & \end{bmatrix},$$

其中，

$$M12_7=\frac{\partial mtb_5}{\partial\theta_5}=-A_5^0W_5,$$

$$M15_7=\frac{\partial mtr_5}{\partial\theta_5}=-A_5^0W_5,$$

$$M16_7=\frac{\partial mtf_5}{\partial\theta_5}=-A_5^0W_5,$$

$$M18_7=\frac{\partial mte_5}{\partial\theta_5}=\overline{\widetilde{A}}{}_5^0\overline{S}_5,$$

$$M22_7=\frac{\partial mbb_5}{\partial \theta_5}=2R_{14}^{\mathrm{T}}\tilde{A}_5^1 W_5+2R_{45}^{\mathrm{T}}\tilde{A}_5^4 W_5,$$

$$M25_7=\frac{\partial mbr_5}{\partial \theta_5}=R_{14}^{\mathrm{T}}\tilde{A}_5^1 W_5+2R_{45}^{\mathrm{T}}\tilde{A}_5^4 W_5,$$

$$M26_7=\frac{\partial mbf_5}{\partial \theta_5}=R_{14}^{\mathrm{T}}\tilde{A}_5^1 W_5+R_{45}^{\mathrm{T}}\tilde{A}_5^4 W_5,$$

$$M28_7=\frac{\partial mbe_5}{\partial \theta_5}=R_{14}^{\mathrm{T}}\bar{A}_5^1 \bar{S}_5+R_{45}^{\mathrm{T}}\bar{A}_5^4 \bar{S}_5,$$

$$M55_7=\frac{\partial mrr_5}{\partial \theta_5}=2R_{45}^{\mathrm{T}}\tilde{A}_5^4 W_5,$$

$$M56_7=\frac{\partial mrf_5}{\partial \theta_5}=R_{45}^{\mathrm{T}}\tilde{A}_5^4 W_5,$$

$$M58_7=\frac{\partial mre_5}{\partial \theta_5}=R_{45}^{\mathrm{T}}\bar{A}_5^4 \bar{S}_5。$$

(8) $\dfrac{\partial M}{\partial p_k}=\dfrac{\partial M}{\partial q_{3j}}$

$$=\begin{bmatrix} 0_{2\times 2} & M12_k & M13_k & M14_k & & & & \\ & M22_k & M23_k & M24_k & 0_{5\times 1} & 0_{5\times 1} & 0_{5\times n} & 0_{5\times n} \\ & & M33_k & M34_k & & & & \\ \text{对} & \text{称} & & M44_k & & & & \\ & & & & 0_{(m-5)\times(m-5)} & & & \end{bmatrix}$$

($k=8,\cdots,7+n,j=1,2,\cdots,n$,即 $j=k-7$),其中:

$$M12_k=\frac{\partial mtb_3}{\partial q_{3j}}=\bar{\bar{A}}_3^0 \bar{s}_{3j},$$

$$M13_k=\frac{\partial mtr_3}{\partial q_{3j}}=\bar{\bar{A}}_3^0 \bar{s}_{3j},$$

$$M14_k=\frac{\partial mtf_3}{\partial q_{3j}}=\bar{\bar{A}}_3^0 \bar{s}_{3j},$$

$$M22_k=\frac{\partial mbb_3}{\partial q_{3j}}=2R_{12}^{\mathrm{T}}\bar{A}_3^1 \bar{s}_{3j}+2R_{23}^{\mathrm{T}}\bar{A}_3^2 \bar{s}_{3j}+2\tilde{S}_{3j}Q_3,$$

$$M23_k=\frac{\partial mbr_3}{\partial q_{3j}}=R_{12}^{\mathrm{T}}\bar{A}_3^1 \bar{s}_{3j}+2R_{23}^{\mathrm{T}}\bar{A}_3^2 \bar{s}_{3j}+2\tilde{S}_{3j}Q_3,$$

$$M24_k=\frac{\partial mbf_3}{\partial q_{3j}}=R_{12}^{\mathrm{T}}\overline{A}_3^1\bar{s}_{3j}+R_{23}^{\mathrm{T}}\overline{A}_3^2\bar{s}_{3j}+2\widetilde{S}_{3j}Q_3,$$

$$M33_k=\frac{\partial mrr_3}{\partial q_{3j}}=2R_{23}^{\mathrm{T}}\overline{A}_3^2\bar{s}_{3j}+2\widetilde{S}_{3j}Q_3,$$

$$M34_k=\frac{\partial mrf_3}{\partial q_{3j}}=R_{23}^{\mathrm{T}}\overline{A}_3^2\bar{s}_{3j},$$

$$M44_k=\frac{\partial mff_3}{\partial q_{3j}}=2\widetilde{S}_{3j}Q_3\text{。}$$

(9) $\dfrac{\partial M}{\partial p_k}=\dfrac{\partial M}{\partial q_{5j}}$

$$=\begin{bmatrix} 0_{2\times 2} & M12_k & 0_{2\times 1} & 0_{2\times 1} & M15_k & M16_k & 0_{2\times n} & 0_{2\times n} \\ & M22_k & 0 & 0 & M25_k & M26_k & 0_{1\times n} & 0_{1\times n} \\ & & 0 & 0 & 0 & 0 & 0_{1\times n} & 0_{1\times n} \\ & & & 0 & 0 & 0 & 0_{1\times n} & 0_{1\times n} \\ & & & & M55_k & M56_k & 0_{1\times n} & 0_{1\times n} \\ & & & & & M66_k & 0_{1\times n} & 0_{1\times n} \\ & & & & & & \multicolumn{2}{c}{0_{2n\times 2n}} \end{bmatrix}$$

($k=8+n,\cdots,m,j=1,2,\cdots,n$,即 $j=k-(n+7)$),其中,

$$M12_k=\frac{\partial mtb_5}{\partial q_{5j}}=\overline{\widetilde{A}}_5^0\bar{s}_{5j},$$

$$M15_k=\frac{\partial mtr_5}{\partial q_{5j}}=\overline{\widetilde{A}}_5^0\bar{s}_{5j},$$

$$M16_k=\frac{\partial mtf_5}{\partial q_{5j}}=\overline{\widetilde{A}}_5^0\bar{s}_{5j},$$

$$M22_k=\frac{\partial mbb_5}{\partial q_{5j}}=2R_{14}^{\mathrm{T}}\overline{A}_5^1\bar{s}_{5j}+2R_{45}^{\mathrm{T}}\overline{A}_5^4\bar{s}_{5j}+2\widetilde{S}_{5j}Q_5,$$

$$M25_k=\frac{\partial mbr_5}{\partial q_{5j}}=R_{14}^{\mathrm{T}}\overline{A}_5^1\bar{s}_{5j}+2R_{45}^{\mathrm{T}}\overline{A}_5^4\bar{s}_{5j}+2\widetilde{S}_{5j}Q_5,$$

$$M26_k=\frac{\partial mbf_5}{\partial q_{5j}}=R_{14}^{\mathrm{T}}\overline{A}_5^1\bar{s}_{5j}+R_{45}^{\mathrm{T}}\overline{A}_5^4\bar{s}_{5j}+2\widetilde{S}_{5j}Q_5,$$

$$M55_k=\frac{\partial mrr_5}{\partial q_{5j}}=2R_{45}^{\mathrm{T}}\overline{A}_5^4\bar{s}_{5j}+2\widetilde{S}_{5j}Q_5,$$

$$M56_k=\frac{\partial mrf_5}{\partial q_{5j}}=R_{45}^{\mathrm{T}}\overline{A}_5^4\bar{s}_{5j},$$

$$M66_k=\frac{\partial mff_5}{\partial q_{5j}}=2\widetilde{S}_{5j}Q_5\text{。}$$

### 3.1.9 离心力和哥氏力

定义与速度二次项有关的力为 $F=\dot{M}\dot{p}-\frac{\partial T}{\partial p}=(F_1,F_2,\cdots,F_n)^{\mathrm{T}}$。由于 $\dot{M}=\sum_{i=1}^{m}\frac{\partial M}{\partial p_i}\dot{p}_i$，$\frac{\partial T}{\partial p}=\left(\frac{1}{2}\dot{p}^{\mathrm{T}}\frac{\partial M}{\partial p_1}\dot{p},\frac{1}{2}\dot{p}^{\mathrm{T}}\frac{\partial M}{\partial p_2}\dot{p},\cdots,\frac{1}{2}\dot{p}^{\mathrm{T}}\frac{\partial M}{\partial p_m}\dot{p}\right)^{\mathrm{T}}$，若定义 $M_{ih}$ 为质量矩阵 $M$ 的第 $i$ 行，则 $F_i=\left[\sum_{j=1}^{m}\left(\frac{\partial M_{ih}}{\partial p_j}-\frac{1}{2}\frac{\partial M_{jh}}{\partial p_i}\right)\dot{p}_j\right]\dot{p}\,(i=1,2,\cdots,m)$。由于与速度二次项有关的力 $F$ 由离心力和哥氏力构成，与 $\dot{p}_1$，$\dot{p}_2$ 即 $\dot{x}_1$，$\dot{y}_1$ 无关。因此定义 $p_{nr}=(0,0,\theta_1,\theta_2,\theta_3,\theta_4,\theta_5,Q_3^{\mathrm{T}},Q_5^{\mathrm{T}})^{\mathrm{T}}$，从 $F_i$ 中去除与 $\dot{p}_1$，$\dot{p}_2$ 即 $\dot{x}_1$，$\dot{y}_1$ 有关的项有

$$F_i=\left[\sum_{j=3}^{m}\frac{\partial M_{ih}}{\partial p_j}\dot{p}_j\right]\dot{p}_{nr}-\frac{1}{2}\dot{p}_{nr}^{\mathrm{T}}\frac{\partial M}{\partial p_i}\dot{p}_{nr}\text{。}$$

(1) 定义 $F_r=(F_1,F_2)^{\mathrm{T}}$，$M_{rh}=\begin{pmatrix}M_{1h}\\M_{2h}\end{pmatrix}$，由于 $\frac{\partial M}{\partial p_1}=\frac{\partial M}{\partial p_2}=0_{m\times m}$，$F_r=\left[\sum_{j=3}^{m}\frac{\partial M_{rh}}{\partial p_j}\dot{p}_j\right]\dot{p}_{nr}$，因此有

$$\begin{aligned}F_r=&[-m_2(A_1^0R_{12}+A_2^0C_{22})-m_4(A_1^0R_{14}+A_4^0C_{44})-m_3(A_1^0R_{12}+A_2^0R_{23})-\\&A_3^0W_3-m_5(A_1^0R_{14}+A_4^0R_{45})-A_5^0W_5]\dot{\theta}_1^2+[-2m_2A_2^0C_{22}-\\&2m_3A_2^0R_{23}-2A_3^0W_3]\dot{\theta}_1\dot{\theta}_2+[-2A_3^0W_3]\dot{\theta}_1\dot{\theta}_3+[-2m_4A_4^0C_{44}-\\&2m_5A_4^0R_{45}-2A_5^0W_5]\dot{\theta}_1\dot{\theta}_4+[-2A_5^0W_5]\dot{\theta}_1\dot{\theta}_5+[2\overline{\widetilde{A}}{}_3^0\overline{S}_3]\dot{\theta}_1\dot{Q}_3+\\&[2\overline{\widetilde{A}}{}_5^0\overline{S}_5]\dot{\theta}_1\dot{Q}_5+[-m_2A_2^0C_{22}-m_3A_2^0R_{23}-A_3^0W_3]\dot{\theta}_2^2+[-2A_3^0W_3]\dot{\theta}_2\dot{\theta}_3+\\&[2\overline{\widetilde{A}}{}_3^0\overline{S}_3]\dot{\theta}_2\dot{Q}_3+[-A_3^0W_3]\dot{\theta}_3^2+[2\overline{\widetilde{A}}{}_3^0\overline{S}_3]\dot{\theta}_3\dot{Q}_3+[-m_4A_4^0C_{44}-\\&m_5A_4^0R_{45}-A_5^0W_5]\dot{\theta}_4^2+[-2A_5^0W_5]\dot{\theta}_4\dot{\theta}_5+[2\overline{\widetilde{A}}{}_5^0\overline{S}_5]\dot{\theta}_4\dot{Q}_5+\\&[-A_5^0W_5]\dot{\theta}_5^2+[2\overline{\widetilde{A}}{}_5^0\overline{S}_5]\dot{\theta}_5\dot{Q}_5\end{aligned}$$

(2) 由于 $\frac{1}{2}\dot{p}_{nr}^{\mathrm{T}}\frac{\partial M}{\partial\theta_1}\dot{p}_{nr}=0$，所以 $F_3=\left[\sum_{j=3}^{m}\frac{\partial M_{3h}}{\partial p_j}\dot{p}_j\right]\dot{p}_{nr}=\sum_{j=3}^{m}\frac{\partial M_{3h}}{\partial p_j}\dot{p}_j\dot{p}_{nr}$，因此有

$$F_3=[2m_2R_{12}^{\mathrm{T}}\widetilde{A}_2^1C_{22}+2m_3R_{12}^{\mathrm{T}}\widetilde{A}_2^1R_{23}+2R_{12}^{\mathrm{T}}\widetilde{A}_3^1W_3]\dot{\theta}_1\dot{\theta}_2+[2R_{12}^{\mathrm{T}}\widetilde{A}_3^1W_3+2R_{23}^{\mathrm{T}}\widetilde{A}_3^2W_3]\dot{\theta}_1\dot{\theta}_3+[2m_4R_{14}^{\mathrm{T}}\widetilde{A}_4^1C_{44}+2m_5R_{14}^{\mathrm{T}}\widetilde{A}_4^1R_{45}+2R_{14}^{\mathrm{T}}\widetilde{A}_5^1W_5]\dot{\theta}_1\dot{\theta}_4+[2R_{14}^{\mathrm{T}}\widetilde{A}_5^1W_5+2R_{45}^{\mathrm{T}}\widetilde{A}_5^4W_5]\dot{\theta}_1\dot{\theta}_5+(2R_{12}^{\mathrm{T}}\overline{A}_3^1\overline{S}_3+2R_{23}^{\mathrm{T}}\overline{A}_3^2\overline{S}_3+2Q_3^{\mathrm{T}}\widetilde{S}_3)\dot{Q}_3\dot{\theta}_1+(2R_{14}^{\mathrm{T}}\overline{A}_5^1\overline{S}_5+2R_{45}^{\mathrm{T}}\overline{A}_5^4\overline{S}_5+2Q_5^{\mathrm{T}}\widetilde{S}_5)\dot{Q}_5\dot{\theta}_1+[m_2R_{12}^{\mathrm{T}}\widetilde{A}_2^1C_{22}+m_3R_{12}^{\mathrm{T}}\widetilde{A}_2^1R_{23}+R_{12}^{\mathrm{T}}\widetilde{A}_3^1W_3]\dot{\theta}_2^2+[2R_{12}^{\mathrm{T}}\widetilde{A}_3^1W_3+2R_{23}^{\mathrm{T}}\widetilde{A}_3^2W_3]\dot{\theta}_2\dot{\theta}_3+[2R_{12}^{\mathrm{T}}\overline{A}_3^1\overline{S}_3+2R_{23}^{\mathrm{T}}\overline{A}_3^2\overline{S}_3+2Q_3^{\mathrm{T}}\widetilde{S}_3]\dot{\theta}_2\dot{Q}_3+[R_{12}^{\mathrm{T}}\widetilde{A}_3^1W_3+R_{23}^{\mathrm{T}}\widetilde{A}_3^2W_3]\dot{\theta}_3^2+[2R_{12}^{\mathrm{T}}\overline{A}_3^1\overline{S}_3+2R_{23}^{\mathrm{T}}\overline{A}_3^2\overline{S}_3+2Q_3^{\mathrm{T}}\widetilde{S}_3]\dot{\theta}_3\dot{Q}_3+[m_4R_{14}^{\mathrm{T}}\widetilde{A}_4^1C_{44}+m_5R_{14}^{\mathrm{T}}\widetilde{A}_4^1R_{45}+R_{14}^{\mathrm{T}}\widetilde{A}_5^1W_5]\dot{\theta}_4^2+[2R_{14}^{\mathrm{T}}\widetilde{A}_5^1W_5+2R_{45}^{\mathrm{T}}\widetilde{A}_5^4W_5]\dot{\theta}_4\dot{\theta}_5+[2R_{14}^{\mathrm{T}}\overline{A}_5^1\overline{S}_5+2R_{45}^{\mathrm{T}}\overline{A}_5^4\overline{S}_5+2Q_5^{\mathrm{T}}\widetilde{S}_5]\dot{\theta}_4\dot{Q}_5[R_{14}^{\mathrm{T}}\widetilde{A}_5^1W_5+R_{45}^{\mathrm{T}}\widetilde{A}_5^4W_5]+\dot{\theta}_5^2+[2R_{14}^{\mathrm{T}}\overline{A}_5^1\overline{S}_5+2R_{45}^{\mathrm{T}}\overline{A}_5^4\overline{S}_5+2Q_5^{\mathrm{T}}\widetilde{S}_5]\dot{\theta}_5\dot{Q}_5$$

(3) 从 $F_4$ 中去除与 $\dot{p}_1,\dot{p}_2$ 即 $\dot{x}_1,\dot{y}_1$ 有关的项有 $F_4=\left[\sum_{j=3}^{m}\frac{\partial M_{4h}}{\partial p_j}\dot{p}_j\right]\dot{p}_{nr}-\frac{1}{2}\dot{p}_{nr}^{\mathrm{T}}\frac{\partial M}{\partial\theta_2}\dot{p}_{nr}$，因此有

$$F_4=[-m_2R_{12}^{\mathrm{T}}\widetilde{A}_2^1C_{22}-m_3R_{12}^{\mathrm{T}}\widetilde{A}_2^1R_{23}-R_{12}^{\mathrm{T}}\widetilde{A}_3^1W_3]\dot{\theta}_1^2+[2R_{23}^{\mathrm{T}}\widetilde{A}_3^2W_3]\dot{\theta}_1\dot{\theta}_3+[2R_{23}^{\mathrm{T}}\overline{A}_3^2\overline{S}_3+2Q_3^{\mathrm{T}}\widetilde{S}_3]\dot{\theta}_1\dot{Q}_3+[2R_{23}^{\mathrm{T}}\widetilde{A}_3^2W_3]\dot{\theta}_2\dot{\theta}_3+[2R_{23}^{\mathrm{T}}\overline{A}_3^2\overline{S}_3+2Q_3^{\mathrm{T}}\widetilde{S}_3]\dot{\theta}_2\dot{Q}_3+[R_{23}^{\mathrm{T}}\widetilde{A}_3^2W_3]\dot{\theta}_3^2+[2R_{23}^{\mathrm{T}}\overline{A}_3^2\overline{S}_3]\dot{\theta}_3\dot{Q}_3$$

(4) 从 $F_5$ 中去除与 $\dot{p}_1,\dot{p}_2$ 即 $\dot{x}_1,\dot{y}_1$ 有关的项有 $F_5=\left[\sum_{j=3}^{m}\frac{\partial M_{5h}}{\partial p_j}\dot{p}_j\right]\dot{p}_{nr}-\frac{1}{2}\dot{p}_{nr}^{\mathrm{T}}\frac{\partial M}{\partial\theta_3}\dot{p}_{nr}$，因此有

$$F_5=[-R_{12}^{\mathrm{T}}\widetilde{A}_3^1W_3-R_{23}^{\mathrm{T}}\widetilde{A}_3^2W_3]\dot{\theta}_1^2+[-2R_{23}^{\mathrm{T}}\widetilde{A}_3^2W_3]\dot{\theta}_1\dot{\theta}_2+[2Q_3^{\mathrm{T}}\widetilde{S}_3]\dot{\theta}_1\dot{Q}_3+[-R_{23}^{\mathrm{T}}\widetilde{A}_3^2W_3]\dot{\theta}_2^2+2Q_3^{\mathrm{T}}\widetilde{S}_3\dot{Q}_3\dot{\theta}_3$$

(5) 从 $F_6$ 中去除与 $\dot{p}_1,\dot{p}_2$ 即 $\dot{x}_1,\dot{y}_1$ 有关的项有 $F_6=\left[\sum_{j=3}^{m}\frac{\partial M_{6h}}{\partial p_j}\dot{p}_j\right]\dot{p}_{nr}-\frac{1}{2}\dot{p}_{nr}^{\mathrm{T}}\frac{\partial M}{\partial\theta_4}\dot{p}_{nr}$，因此有

$$F_6=[-m_4R_{14}^{\mathrm{T}}\widetilde{A}_4^1C_{44}-m_5R_{14}^{\mathrm{T}}\widetilde{A}_4^1R_{45}-R_{14}^{\mathrm{T}}\widetilde{A}_5^1W_5]\dot{\theta}_1^2+[2R_{45}^{\mathrm{T}}\widetilde{A}_5^4W_5]\dot{\theta}_1\dot{\theta}_5+[2R_{45}^{\mathrm{T}}\overline{A}_5^4\overline{S}_5+2Q_5^{\mathrm{T}}\widetilde{S}_5]\dot{\theta}_1\dot{Q}_5+[2R_{45}^{\mathrm{T}}\widetilde{A}_5^4W_5]\dot{\theta}_4\dot{\theta}_5+[2R_{45}^{\mathrm{T}}\overline{A}_5^4\overline{S}_5+$$

$$2Q_5^{\mathrm{T}}\tilde{S}_5]\dot{\theta}_4\dot{Q}_5+[R_{45}^{\mathrm{T}}\tilde{A}_5^4W_5]\dot{\theta}_5^2+[2R_{45}^{\mathrm{T}}\bar{A}_5^4\bar{S}_5]\dot{\theta}_5\dot{Q}_5$$

(6) 从 $F_7$ 中去除与 $\dot{p}_1,\dot{p}_2$ 即 $\dot{x}_1,\dot{y}_1$ 有关的项有 $F_7=\left[\sum_{j=3}^{m}\frac{\partial M_{7h}}{\partial p_j}\dot{p}_j\right]\dot{p}_{nr}-\frac{1}{2}\dot{p}_{nr}^{\mathrm{T}}\frac{\partial M}{\partial \theta_5}\dot{p}_{nr}$，因此有

$$F_7=[-R_{14}^{\mathrm{T}}\tilde{A}_5^1W_5-R_{45}^{\mathrm{T}}\tilde{A}_5^4W_5]\dot{\theta}_1^2+[-2R_{45}^{\mathrm{T}}\tilde{A}_5^4W_5]\dot{\theta}_1\dot{\theta}_4+$$
$$[2Q_5^{\mathrm{T}}\tilde{S}_5]\dot{\theta}_1\dot{Q}_5+[-R_{45}^{\mathrm{T}}\tilde{A}_5^4W_5]\dot{\theta}_4^2+[2Q_5^{\mathrm{T}}\tilde{S}_5]\dot{\theta}_5\dot{Q}_5$$

(7) $i=8,\cdots,7+n$ 时，$p_i=q_{3l}$，$l=i-7=1,2,\cdots,n$，有 $F_i=\left[\sum_{j=3}^{m}\frac{\partial M_{ih}}{\partial p_j}\dot{p}_j\right]\dot{p}_{nr}-\frac{1}{2}\dot{p}_{nr}^{\mathrm{T}}\frac{\partial M}{\partial p_i}\dot{p}_{nr}$，因此有

$$F_i=-(R_{12}^{\mathrm{T}}\bar{A}_3^1\bar{s}_{3l}+R_{23}^{\mathrm{T}}\bar{A}_3^2\bar{s}_{3l}+\tilde{S}_{3l}Q_3)\dot{\theta}_1^2-(2R_{23}^{\mathrm{T}}\bar{A}_3^2\bar{s}_{3l}+2\tilde{S}_{3l}Q_3)\dot{\theta}_1\dot{\theta}_2-$$
$$2\tilde{S}_{3l}Q_3\dot{\theta}_1\dot{\theta}_3-(R_{23}^{\mathrm{T}}\bar{A}_3^2\bar{s}_{3l}+\tilde{S}_{3l}Q_3)\dot{\theta}_2^2-\tilde{S}_{3l}Q_3\dot{\theta}_3^2$$

定义 $F_{Q3}=(F_8,F_9,\cdots,F_{7+n})^{\mathrm{T}}$，则有

$$F_{Q3}=-(R_{12}^{\mathrm{T}}\bar{A}_3^1\bar{S}_3^{\mathrm{T}}+R_{23}^{\mathrm{T}}\bar{A}_3^2\bar{S}_3^{\mathrm{T}}+\tilde{S}_3Q_3)\dot{\theta}_1^2-(2R_{23}^{\mathrm{T}}\bar{A}_3^2\bar{S}_3^{\mathrm{T}}+2\tilde{S}_3Q_3)\dot{\theta}_1\dot{\theta}_2-$$
$$2\tilde{S}_3Q_3\dot{\theta}_1\dot{\theta}_3-(R_{23}^{\mathrm{T}}\bar{A}_3^2\bar{S}_3^{\mathrm{T}}+\tilde{S}_3Q_3)\dot{\theta}_2^2-\tilde{S}_3Q_3\dot{\theta}_3^2$$

(8) $i=8+n,\cdots,m$ 时，$p_i=q_{5l}$，$l=i-n-7=1,2,\cdots,n$，有 $F_i=\left[\sum_{j=3}^{m}\frac{\partial M_{ih}}{\partial p_j}\dot{p}_j\right]\dot{p}_{nr}-\frac{1}{2}\dot{p}_{nr}^{\mathrm{T}}\frac{\partial M}{\partial p_i}\dot{p}_{nr}$，因此有

$$F_i=-(R_{14}^{\mathrm{T}}\bar{A}_4^1\bar{s}_{5l}+R_{45}^{\mathrm{T}}\bar{A}_5^4\bar{s}_{5l}+\tilde{S}_{5l}Q_5)\dot{\theta}_1^2-(2R_{45}^{\mathrm{T}}\bar{A}_5^4\bar{s}_{5l}+2\tilde{S}_{5l}Q_5)\dot{\theta}_1\dot{\theta}_4-$$
$$2\tilde{S}_{5l}Q_5\dot{\theta}_1\dot{\theta}_5-(R_{45}^{\mathrm{T}}\bar{A}_5^4\bar{s}_{5l}+\tilde{S}_{5l}Q_5)\dot{\theta}_4^2-\tilde{S}_{5l}\dot{\theta}_5^2$$

定义 $F_{Q5}=(F_{8+n},F_{9+n},\cdots,F_m)^{\mathrm{T}}$，则有

$$F_{Q5}=-(R_{14}^{\mathrm{T}}\bar{A}_5^1\bar{S}_5+R_{45}^{\mathrm{T}}\bar{A}_5^4\bar{S}_5+\tilde{S}_5Q_5)\dot{\theta}_1^2-(2R_{45}^{\mathrm{T}}\bar{A}_5^4\bar{S}_5+2\tilde{S}_5Q_5)\dot{\theta}_1\dot{\theta}_4-$$
$$2\tilde{S}_5Q_5\dot{\theta}_1\dot{\theta}_5-(R_{45}^{\mathrm{T}}\bar{A}_5^4\bar{S}_5+\tilde{S}_5Q_5)\dot{\theta}_4^2-\tilde{S}_5Q_5\dot{\theta}_5^2$$

### 3.1.10 广义主动力

定义驱动力 $\tau_Q=(f_x,f_y,N_1,N_2,N_3,N_4,N_5,0_{1\times n},0_{1\times n})^{\mathrm{T}}$。根据虚功原理 $\delta w=\tau^{\mathrm{T}}\delta p$，有：

(1) 当末端自由时，$\tau=\tau_Q$。

(2) 当末端受力时，$\tau=\tau_Q-\tau_F$。

设末端作用于环境的力（含力矩）为 $F_e=(f_{ex3},f_{ey3},f_{ex5},f_{ey5},N_{e3},N_{e5})^{\mathrm{T}}$，则产生末端力 $F_e$ 所需的相应关节力矩为 $\tau_F=(f_{Fx},f_{Fy},N_{F1},N_{F2},N_{F3},N_{F4},N_{F5},N_{FQ3},N_{FQ5})^{\mathrm{T}}$，其中，

$$f_{Fx}=f_{ex3}+f_{ex5},$$

$$f_{Fy}=f_{ey3}+f_{ey5},$$

$$N_{F1}=(f_{ex3},f_{ey3})\left[\tilde{A}_1^0R_{12}+\tilde{A}_2^0R_{23}+\tilde{A}_3^0\begin{pmatrix}l_3\\u_{3l}\end{pmatrix}\right]+(f_{ex5},f_{ey5})\left[\tilde{A}_1^0R_{14}+\tilde{A}_4^0R_{45}+\tilde{A}_5^0\begin{pmatrix}l_5\\u_{5l}\end{pmatrix}\right],$$

$$N_{F2}=(f_{ex3},f_{ey3})\left[\tilde{A}_2^0R_{23}+\tilde{A}_3^0\begin{pmatrix}l_3\\u_{3l}\end{pmatrix}\right],$$

$$N_{F3e}=(f_{ex3},f_{ey3})\tilde{A}_3^0\begin{pmatrix}l_3\\u_{3l}\end{pmatrix},$$

$$N_{F4}=(f_{ex5},f_{ey5})\left[\tilde{A}_4^0R_{45}+\tilde{A}_5^0\begin{pmatrix}l_5\\u_{5l}\end{pmatrix}\right],$$

$$N_{F5}=(f_{ex5},f_{ey5})\tilde{A}_5^0\begin{pmatrix}l_5\\u_{5l}\end{pmatrix},$$

$$N_{F3j}=N_{e3}\varphi'_{3jl}+(0,\varphi'_{3l})A_3^{0\mathrm{T}}\begin{pmatrix}f_{ex3}\\f_{ey3}\end{pmatrix},$$

$$N_{F5j}=N_{e5}\varphi'_{5jl}+(0,\varphi'_{5l})A_5^{0\mathrm{T}}\begin{pmatrix}f_{ex5}\\f_{ey5}\end{pmatrix}。$$

定义 $N_{FQi}=(N_{Fi1},N_{Fi2},\cdots,N_{Fin})^{\mathrm{T}}$，则 $N_{FQ3}=N_{e3}\varphi'^{\mathrm{T}}_{3l}+(0,\varphi'^{\mathrm{T}}_{3l})A_3^{0\mathrm{T}}\begin{pmatrix}f_{ex3}\\f_{ey3}\end{pmatrix}$，$N_{FQ5}=N_{e5}\varphi'^{\mathrm{T}}_{5l}+(0,\varphi'^{\mathrm{T}}_{5l})A_5^{0\mathrm{T}}\begin{pmatrix}f_{ex5}\\f_{ey5}\end{pmatrix}$。

上述表达式中 $u_{il}=u_{ix}|_{x=l}$，$u'_{il}=u'_{ix}|_{x=l}$，$l_3=l_5=l$，$\varphi_{ijl}=\varphi_{ij}(l)$，$\varphi'_{ijl}=\varphi'_{ij}(l)$，$\varphi_{il}=\varphi_i(l)$，$\varphi'_{il}=\varphi'_i(l)$。

### 3.1.11 动力学方程及其分解

至此可得系统动力学方程为

$$M\ddot{p}+F+Kp=\tau \tag{3-3}$$

将广义坐标分块为 $p=(p_a^{\mathrm{T}},p_p^{\mathrm{T}})^{\mathrm{T}}$，其中，$p_a=(x_1,y_1,\theta_1,\theta_2,\theta_3,\theta_4,\theta_5)^{\mathrm{T}}$，$p_p=(Q_3^{\mathrm{T}},Q_5^{\mathrm{T}})^{\mathrm{T}}$，则动力学方程式(3-3)的相应分块形式为

$$\begin{bmatrix} M_{aa} & M_{ap} \\ M_{pa} & M_{pp} \end{bmatrix}\begin{pmatrix} \ddot{p}_a \\ \ddot{p}_p \end{pmatrix}+\begin{pmatrix} F_a \\ F_p \end{pmatrix}+\begin{bmatrix} K_{aa} & K_{ap} \\ K_{pa} & K_{pp} \end{bmatrix}\begin{pmatrix} p_a \\ p_p \end{pmatrix}=\begin{pmatrix} \tau_a \\ \tau_p \end{pmatrix} \tag{3-4}$$

其中，$F_a=(F_1,F_2,\cdots,F_7)^{\mathrm{T}}$，$F_p=(F_{Q3}^{\mathrm{T}},F_{Q5}^{\mathrm{T}})^{\mathrm{T}}$；$K_{aa}$ 和 $K_{ap}=K_{pa}^{\mathrm{T}}$ 均为全零矩阵，$K_{pp}=\begin{bmatrix} K_3 & 0 \\ 0 & K_5 \end{bmatrix}$；$\tau_a$，$\tau_p$ 分别由 $\tau$ 的前 7 个元素和后 $2n$ 个元素构成，当末端自由时，即

$$\tau_a=(f_x,f_y,N_1,N_2,N_3,N_4,N_5)^{\mathrm{T}}$$

$$\tau_p=(0_{1\times n},0_{1\times n})^{\mathrm{T}}$$

$$M_{aa}=\begin{pmatrix} \sum_{i=1}^{5} mtt_i & \sum_{i=1}^{5} mtb_i & \sum_{i=2}^{3} mtr_i & mtf_3 & \sum_{i=4}^{5} mtr_i & mtf_5 \\ & \sum_{i=1}^{5} mbb_i & \sum_{i=2}^{3} mbr_i & mbf_3 & \sum_{i=4}^{5} mbr_i & mbf_5 \\ & & \sum_{i=2}^{3} mrr_i & mrf_3 & 0 & 0 \\ & \text{对} & & mff_3 & 0 & 0 \\ & & \text{称} & & \sum_{i=4}^{5} mrr_i & mrf_5 \\ & & & & & mff_5 \end{pmatrix}$$

$$M_{ap}=\begin{pmatrix} mte_3 & mte_5 \\ mbe_3 & mbe_5 \\ mre_3 & 0 \\ mfe_3 & 0 \\ 0 & mre_5 \\ 0 & mfe_5 \end{pmatrix}$$

$$M_{pa}=M_{ap}^{\mathrm{T}}$$

$$M_{pp}=\begin{pmatrix} M_{ee3} & 0 \\ 0 & M_{ee5} \end{pmatrix}$$

将式(3-4)展开，可得动力学方程的分解形式为

$$M_{aa}\ddot{p}_a+M_{ap}\ddot{p}_p+F_a=\tau_a \tag{3-5}$$

$$M_{pp}\ddot{p}_p+F_p+K_p p_p=\tau_p-M_{pa}\ddot{p}_a \tag{3-6}$$

## 3.2　动力学方程求解

动力学方程的求解分为正解和逆解两种。动力学方程的正解指给定驱动力矩求系统响应,柔性机器人系统响应包括了柔性变形响应。动力学方程的逆解则指给定期望运动轨迹求驱动力矩。因此,动力学方程的正解显然是一个二阶微分方程组[如式(3-3)]的求解问题。动力学逆解可以将已知的期望运动代入动力学方程,通过代数运算来实现。但对于柔性臂机器人而言,虽然关节角和基座期望运动可以给定,但弹性变形无法给定,因此逆解无法直接实现。

空间机器人是一个典型的多体动力学系统,因此其动力学方程往往表现出一定的刚性,而柔性臂空间机器人中所存在的振动模态更加重了这一点,给数值计算带来了困难。因此要实现对空间机器人系统的数值仿真,还需要对仿真的相关算法,尤其是积分和矩阵求逆算法进行分析和选择。

本节仅讨论算法,动力学求解的仿真实例参见8.1.3节。

### 3.2.1　求解流程

动力学方程数值求解流程如图3-2所示。变量定义部分定义系统物理参数、系统状态参数、仿真参数、控制算法所需要的期望值和误差等相关参数。对柔性臂空间机器人系统而言,还包括模态函数的选择。

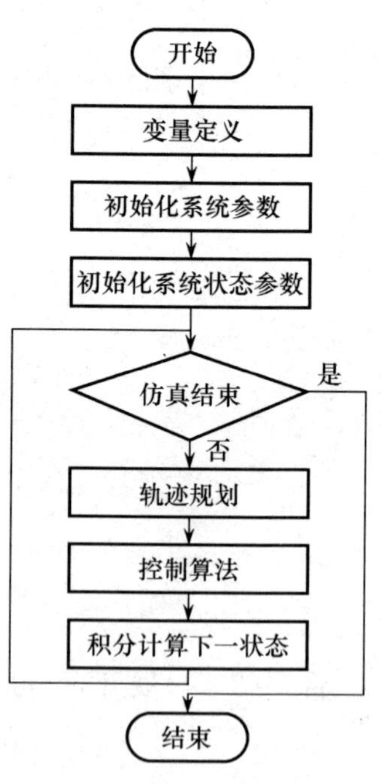

图3-2　数值求解流程

初始化系统参数模块对系统物理参数赋值,包括臂杆长度、质量,柔性臂杆的抗弯刚度,各部分的安装位置等,并设置数值积分所需的参数,如仿真步长、仿真精度、仿真时间等。

初始化系统状态参数模块对系统状态参数赋值,包括系统的广义坐标及速度、任务空间和力空间的坐标值等。

上述各部分完成仿真系统的初始化部分。仿真开始后,控制算法模块计算理想的运动轨迹,控制算法模块计算所需控制力矩,积分模块求解下一状态，输出数据，直到仿真过程结束。

### 3.2.2 矩阵求逆算法

一般来说，空间机器人各组成部分的质量和惯量有较大差异，在柔性臂空间机器人系统中还同时存在着刚性位置的慢变模态和柔性振动的快变模态，这使得系统质量矩阵的特征值之间的差异很大，造成质量矩阵病态，矩阵行列式的值接近于零。又由于数值计算过程中存在由于计算机字长引起的舍入误差，很容易导致质量矩阵奇异，使仿真过程中断，所以要求质量矩阵的求逆算法能对病态矩阵求逆，以避免由于算法问题而导致的矩阵奇异。一般可采用全选主元的高斯-约当（Gauss - Jordan）消去算法[1]作为仿真平台的求逆算法，以保证仿真过程的数值稳定性。

### 3.2.3 数值积分算法

对于刚性微分方程组，解的分量有的变化很快，有的变化缓慢，常出现这种现象：变化快的分量很快地趋于它的稳定值，而变化慢的分量缓慢地趋于它的稳定值。从数值观点来看，当解变化快时应该用小步长积分，当变化快的分量已趋于稳定，或者说已没有变化快的分量出现时，就应该用较大的步长积分，因此常用的龙格-库塔法、欧拉法等数值积分算法不能满足要求。

一种可选择的积分算法是特雷纳法[2]，该方法是一种改进的四阶龙格-库塔法，在被积函数变化缓慢时与龙格-库塔法没有区别，但当被积函数变化迅速时采用更为有效的求积方法，它适用于适度刚性的问题。针对刚性空间机器人这样的求积对象，采用该方法在保证积分效果的同时具有较高的计算效率。

但柔性臂空间机器人动力学作为一种典型的刚性微分方程，特雷纳法的计算效果也难以满足要求。目前解决这类刚性方程效果比较好的是吉尔法，其本质上是向后差分的方法。考虑吉尔法的数值稳定性和精度，1、2 阶的吉尔法是 A 稳定的，3～6 阶的吉尔法只是刚性稳定的，但是一般高阶吉尔法精度要高，因此一般采用应变阶变步长的吉尔方法，其中变阶仅限于 1、2 阶[3]。积分算法的参数，尤其是求解精度的设定也很重要。提高求解精度时，求解稳定性大大下降，甚至无法收敛，因此，柔性机器人动力学方程的数值求解必须在保证数值算法稳定性的前提下，注意适度设定。

### 3.2.4 动力学逆解算法

动力学方程的逆解指给定期望运动轨迹求驱动力矩。对于柔性机器人而言,关节角和基座运动(即 $p_a$,微分得 $\dot{p}_a$、$\ddot{p}_a$)可以给定,但弹性变形无法给定。当 $\tau_p$ 可根据与环境的作用力求得(末端自由时为零)时,动力学逆解算法如下:

(1) 根据给定的 $\tau_p$(由末端与环境的作用力决定)及 $\ddot{p}_a$,由微分方程式(3-6)求得 $\ddot{p}_p$(方法同动力学方程的正解),积分得 $p_p$ 和 $\dot{p}_p$。

(2) 将已知的 $p_a$、$\dot{p}_a$、$\ddot{p}_a$ 及求得的 $p_p$、$\dot{p}_p$、$\ddot{p}_p$ 代入式(3-5)求得 $\tau_a$,也就求得了广义主动力 $\tau=[\tau_a^{\mathrm{T}} \quad \tau_p^{\mathrm{T}}]^{\mathrm{T}}$(由于 $\tau_p$ 已知)。

(3) 驱动力/力矩由 $\tau_Q=\tau+\tau_F$ 求得,当末端自由时可由 $\tau_a=(f_x,f_y,N_1,N_2,N_3,N_4,N_5)^{\mathrm{T}}$ 直接求得。

## 参考文献

[1] 易大义,陈道琦.数值分析引论.杭州:浙江大学出版社,1998.
[2] 何渝.计算机常用数值算法与程序(C++版).北京:人民邮电出版社,2003.
[3] 徐士良.C常用算法程序集.第2版.北京:清华大学出版社,1996.

# 第 4 章　柔性冗余度机器人动力学分析

近几年来，航空航天等领域对机器人的性能提出了越来越高的要求。研究轻质、重载、高速、高精度、高灵活性、高适应性、智能化的机器人已成为时代的需求。要满足轻质、高速等要求，就必须对机器人的结构柔性进行考虑和研究，即研究柔性机器人。而要使机器人具有高灵活性和高适应性，机器人应具有较多的自由度，甚至自由度冗余而成为冗余度机器人。因此将两者相结合，研究柔性冗余度机器人具有重要的研究价值。国内外已有众多学者开始了这一领域的研究，并取得了不少有价值的理论研究成果[1-7]。

令 $n$、$nr$、$nf(n=nr+nf)$ 分别为机器人的总自由度数、刚性自由度数和柔性自由度数，则柔性机器人的动力学方程可写为[8]

$$M(\theta,q)\begin{pmatrix}\ddot{\theta}\\ \ddot{q}\end{pmatrix}+D(\theta,q)\begin{pmatrix}\dot{\theta}\\ \dot{q}\end{pmatrix}+K(\theta,q)\begin{pmatrix}\theta\\ q\end{pmatrix}+Q=\begin{bmatrix}I\\ B\end{bmatrix}\tau \tag{4-1}$$

式中，$M$、$D$、$K\in R^{n\times n}$ 分别为广义的质量矩阵、阻尼矩阵和刚度矩阵；而 $Q$ 为 $n$ 阶列阵，是重力、哥氏力和离心力等项目之和；$\tau\in R^{nr}$ 是作用于关节的控制力矩；$I$ 是 $nr$ 维的单位方阵；$B\in R^{nf\times nr}$ 是一个反映柔性杆根部弯曲斜率的输入矩阵（当采用悬臂梁模态时为零阵）；$\theta\in R^{nr}$ 为关节转角列阵；$q\in R^{nf}$ 为描述柔性变形的广义坐标列阵。

令 $M=\begin{bmatrix}M_{rr} & M_{fr}\\ M_{rf} & M_{ff}\end{bmatrix}$，其中，$M_{rr}\in R^{nr\times nr}$、$M_{rf}\in R^{nr\times nf}$、$M_{fr}\in R^{nf\times nr}$、$M_{ff}\in R^{nf\times nf}$ 为 $M$ 的子矩阵块。对矩阵 $D$、$K$ 也进行同样的分块，并令 $Q=\begin{bmatrix}Q_r\\ Q_f\end{bmatrix}$，$Q_r\in R^{nr}$、$Q_f\in R^{nf}$ 为 $Q$ 的子矢量，则可将式(3-3)分解为

$$M_{rr}\ddot{\theta}+M_{rf}\ddot{q}+Q_r=\tau \tag{4-2}$$

$$M_{ff}\ddot{q}+D_{ff}\dot{q}+K_{ff}q=-M_{fr}\ddot{\theta}-Q_f \tag{4-3}$$

式(4-2)和式(4-3)为分解后的柔性冗余度机器人动力学方程。其中式(4-2)为机器人的力矩控制方程,而式(4-3)为柔性机器人的振动方程。

## 4.1 柔性冗余度机器人振动控制的复模态算法

由式(4-3)可见,刚性运动的不同将产生不同的激励力,因此可通过自运动的优化得到理想的激励力,以达到抑制振动的目的。已知各关节转角的期望运动轨迹之后,求解式(4-3)可得到柔性冗余度机器人的柔性变形响应,再代入式(4-2)即可求得相应的驱动力矩。这就是从期望轨迹到关节控制力矩的计算过程。

冗余度机器人的自运动能力可用于对机器人的多种性能进行优化。本节讨论对于柔性冗余度机器人,如何利用冗余度机器人自运动的能力进行振动的抑制。最早 Nguyen 等人对此进行了研究[2],他们的研究表明冗余特性确实能用于柔性机器人的振动抑制,并据此设计了一种闭环控制算法,但该算法要求机器人的柔性自由度小于冗余度,这显然具有很大的局限性。其后,何广平[6]、边宇枢[7]和岳士岗[5]等针对柔性冗余度机器人末端振动抑制的问题进行了研究,提出了在自运动空间进行寻优的方法。

本节讨论根据复模态分析技术,在复模态空间中零化低阶模态的激励力,实现对柔性机器人振动抑制的复模态算法。

### 4.1.1 刚性冗余度机器人运动学反解基本问题概述

柔性冗余度机器人是指考虑机器人柔性的冗余度机器人,柔性是指需考虑机器人关节、臂杆的柔性变形,而冗余度是指机器人完成某一末端位姿时具有多余的刚性自由度。在讨论柔性冗余度机器人的运动学反解之前先对刚性冗余度机器人反解基本问题作简单概述。

令 $m$ 为工作空间的维数,$x\in R^m$ 为机器人末端位姿向量,$\varphi\in R^n$ 表示机器人关节空间的广义坐标列阵,则机器人的运动方程可表示为

$$x=f(\varphi) \tag{4-4}$$

式(4-4)对时间求导可得机器人直角坐标空间和关节坐标空间速度之间的关系式,即

$$\dot{x}=J(\varphi)\dot{\varphi} \tag{4-5}$$

式中，$J=\partial f/\partial\varphi\in R^{m\times n}$是冗余度机器人的雅可比矩阵。在给定末端速度 $\dot{x}$ 及关节角初值之后，通过式(4-5)可求得机器人关节速度 $\dot{\varphi}$。但如果 $m<n$，则式(4-5)的解 $\dot{\varphi}$ 是不确定的，即对应给定的末端速度 $\dot{x}$，关节速度 $\dot{\varphi}$ 的可行解有无穷多个，冗余度机器人的冗余度便是指求解上述方程的不确定性。若假设 $\dot{\varphi}_t$是一个特解，则式(4-5)的通解可表示为 $\dot{\varphi}=\dot{\varphi}_t+\dot{\varphi}_r$，并有

$$\dot{x}=J(\varphi)(\dot{\varphi}_t+\dot{\varphi}_r) \tag{4-6}$$

因为有 $\dot{x}=J(\varphi)\dot{\varphi}_t$，所以 $J(\varphi)\dot{\varphi}_r=0$，即 $\dot{\varphi}_r$是雅可比矩阵 $J$ 的零空间 $N(J)$的元素，零空间的维数表示冗余度机器人产生末端速度的任意性的范围。因此，Jacobian 矩阵 $J$ 的零空间和它的维数分别定义为机器人在位形 $\varphi$ 时的冗余空间和冗余度。若 $m<n$，且 $\mathrm{rank}(J)=m$ 时，则机器人的冗余度为 $n-m$。

由于冗余度机器人的解具有不确定性，即解不唯一，因此可以附加一些约束或按一定准则求最优解，例如可按下式求解。

$$\min\|J(\varphi)\dot{\varphi}-\dot{x}\|=\|J(\varphi)\dot{\varphi}_e-\dot{x}\|,\quad \|\dot{\varphi}\|>\|\dot{\varphi}_e\| \tag{4-7}$$

式中，$\|\cdot\|$是指 Euclidean 模，$\dot{\varphi}_e$是式(4-5)的最小范数解。最小范数解 $\dot{\varphi}_e$由雅可比矩阵 $J$ 的伪逆 $J^+$ 给定。因此冗余度机器人的速度反解，即式(4-5)的解可由 $J^+$ 和 $J$ 的零空间向量给出，即

$$\dot{\varphi}=J^+\dot{x}+(I-J^+J)\varepsilon \tag{4-8}$$

其中，$J^+\in R^{n\times m}$是冗余度机器人雅可比矩阵 $J$ 的伪逆，$I\in R^{n\times n}$是单位矩阵，$(I-J^+J)$是零空间的映射矩阵，而 $\varepsilon\in R^n$ 是任意的实向量。$(I-J^+J)\varepsilon\in N(J)$是正交于 $J^+\dot{x}$ 的齐次解，齐次解对应的是机器人连杆间的自身运动，即不引起末端位姿变化的运动。

雅可比矩阵 $J$ 的伪逆 $J^+$ 为 Moore - Penrose 广义逆，满足以下 4 个条件：

(1) $JJ^+J=J$。

(2) $J^+JJ^+-J^+$。

(3) $(J^+J)^{\mathrm{T}}=J^+J$。

(4) $(JJ^+)^{\mathrm{T}}=JJ^+$。

其中，前两个条件保证 $J^+\dot{x}$ 是式(4-5)的一个解，后两个条件使 $J^+\dot{x}$ 的解具有最小范数的性质，并且正交于零空间 $N(J)$。

此外，$J^+$还满足 $J^+J=I$，如果 $\mathrm{rank}(J)=m$，则 $J^+$ 可由下式给出：

$$J^{+}=J^{\mathrm{T}}(JJ^{\mathrm{T}})^{-1} \tag{4-9}$$

再一次对式(4-5)求导可得

$$\ddot{x}=J(\varphi)\ddot{\varphi}+\dot{J}(\varphi)\dot{\varphi} \tag{4-10}$$

用伪逆求解式(4-10)可得(将 $\dot{J}(\varphi)$ 缩写为 $\dot{J}$)

$$\ddot{\varphi}=J^{+}(\ddot{x}-\dot{J}\dot{\varphi})+(I-J^{+}J)\varepsilon_1 \tag{4-11}$$

由式(4-8)和式(4-11)可以看出,如果取 $\varepsilon=0$、$\varepsilon_1=0$,则可求得最小范数解 $\dot{\varphi}$ 和 $\ddot{\varphi}$,即在最小的关节速度和关节加速度情况下,保证所要求的末端运动轨迹的解。

### 4.1.2　柔性冗余度机器人运动学反解

对柔性冗余度机器人来说,其末端位姿不仅是关节运动的函数,而且还与机器人的柔性变形相关,即有

$$X=f(\theta,q) \tag{4-12}$$

其中,$X\in R^{m}$ 为机器人末端位姿向量,$m$ 为工作空间的维数,$\theta$、$q$ 的定义不变,即 $\theta\in R^{nr}$ 为关节转角列阵,$q\in R^{nf}$ 为描述柔性变形的广义坐标列阵。

对式(4-12)求导可得直角坐标空间和广义坐标(含关节位移坐标和柔性变形坐标)空间内速度和加速度关系式,即

$$\dot{X}=J_r\dot{\theta}+J_f\dot{q} \tag{4-13}$$

$$\ddot{X}=J_r\ddot{\theta}+J_f\ddot{q}+\dot{J}_r\dot{\theta}+\dot{J}_f\dot{q} \tag{4-14}$$

其中,

$$J_r=\frac{\partial f(\theta,q)}{\partial\theta}\in R^{m\times nr} \tag{4-15}$$

为机器人的刚性雅可比矩阵;

$$J_f=\frac{\partial f(\theta,q)}{\partial q}\in R^{m\times nf} \tag{4-16}$$

为机器人的柔性雅可比矩阵。

柔性机器人的刚性运动和柔性运动是相互耦合的,但柔性运动幅度相对较小,可以看成是对刚性运动的扰动。通常在轨迹规划和运动学反解时忽略柔性运动的影响,并通过抑制振动来消除所造成的误差。因此式(4-14)可简化为

$$\ddot{X}=J_r\ddot{\theta}+\dot{J}_r\dot{\theta} \tag{4-17}$$

对冗余度机器人,在非奇异位形处 $\mathrm{rank}(J_r)=m<nr$,$\ddot{\theta}$ 有无穷多解,同

刚性冗余度机器人运动学反解一样，使用伪逆求解有

$$\ddot{\theta}=J_r^+(\ddot{X}-\dot{J}_r\dot{\theta})+(I-J_r^+J_r)\varepsilon=J_r^+(\ddot{X}-\dot{J}_r\dot{\theta})+Z\varepsilon \quad (4-18)$$

式中，$J_r^+=J_r^{\mathrm{T}}(J_rJ_r^{\mathrm{T}})^{-1}\in R^{nr\times m}$为 Moore - Penrose 广义逆，$Z=(I-J_r^+J_r)$为$J_r$的零空间映射矩阵，$\varepsilon\in R^{nr}$为任意的实向量，$I$ 是 $nr$ 维的单位方阵。$Z\varepsilon$ 是正交于 $J_r^+(\ddot{X}-\dot{J}_r\dot{\theta})$的齐次解，其物理意义为不引起末端位姿变化的关节运动，称为冗余度机器人的自运动。请注意，虽然 $\varepsilon$ 可任意选择，但 $\varepsilon$ 不是自运动，$Z\varepsilon$ 对应的关节加速度才能产生关节自运动，而 $Z\varepsilon$ 并不是任意向量，所以自运动本身并不能任意选择。但自运动可在 $\ddot{\theta}$ 的齐次解空间中任意选择，当 $Z\neq0$ 时(机器人位姿奇异时有可能为零)，能正确跟踪末端位姿的 $\ddot{\theta}$ 可有无穷多解。因此，可以指定优化目标，从这无穷多解寻找满足优化条件的解，实现机器人的运动学和动力学优化控制。由式(4 - 3)可知，$\ddot{\theta}$ 的不同可改变机器人柔性运动的激励力，因此在保证末端位姿要求的情况下，以实现理想的激励力为优化目标来选择自运动，即可达到抑制振动的目的。

### 4.1.3 柔性冗余度机器人的计算力矩抑振控制原理

所谓计算力矩控制就是根据期望轨迹，利用机器人动力学方程，通过求解逆动力学计算得到控制所需关节力矩，进而实现近似的解耦和线性控制的机器人控制方法。由式(3 - 3)、式(4 - 2)、式(4 - 3)可知，对柔性机器人而言，必须同时已知关节转角运动和柔性变形运动，才能根据动力学方程算出控制所需关节控制力矩。

对于给定的机器人操作空间末端期望轨迹 $\ddot{X}$ 及关节运动和柔性变形运动的初值，根据式(4 - 18)可算得关节转角的期望加速度 $\ddot{\theta}$，将之代入式(4 - 3)得

$$M_{ff}\ddot{q}+D_{ff}\dot{q}+K_{ff}q=-M_{fr}J_r^+(\ddot{X}-\dot{J}_r\dot{\theta})-M_{fr}Z\varepsilon-Q_f \quad (4-19)$$

由式(4 - 19)可解得相应的柔性变形运动 $\ddot{q}$。将解得的 $\ddot{\theta}$ 和 $\ddot{q}$ 代入式(4 - 2)即可算得所需的关节控制力矩，同时对 $\ddot{\theta}$ 和 $\ddot{q}$ 进行数值积分又可获得下一时刻的关节运动和柔性变形运动的初值，这就实现了机器人的计算力矩控制。

式(4 - 19)就是机器人柔性变形运动的振动方程，其右边部分为柔性变形运动的激励力，现定义其为 $f_e$，即

$$f_e=-M_{fr}J_r^+(\ddot{X}-\dot{J}_r\dot{\theta})-M_{fr}Z\varepsilon-Q_f \quad (4-20)$$

由振动理论可知，当存在外界激励时，由于激励所引起的强迫振动能够

使系统不断地从外界获得能量来补偿阻尼所消耗的能量，系统将持续存在一定幅度的振动。当外界激励力消除之后，系统的振动将由强迫振动变为自由振动，系统振动响应将主要与系统的阻尼和刚度有关，增大阻尼是抑制振动的有效途径。由此可知，消除外界激励力、增大阻尼是使系统的振动得以迅速衰减的重要手段。

由式(4-19)和式(4-20)可知，柔性机器人柔性变形振动的激励力及其运动方程和自运动密切相关，而对于冗余度机器人其自由度可在 $\ddot{\theta}$ 的齐次解空间中任意选择。因此，通过自运动的选择使机器人柔性变形运动的激励力为零，同时使其阻尼矩阵理想化，即可实现振动的抑制。因此，应通过自运动选择使下式成立。

$$M_{fr}Z\varepsilon=-M_{fr}J_r^+(\ddot{X}-\dot{J}_r\dot{\theta})-Q_f-(D_{ff}-D_{ff}^d)\dot{q} \tag{4-21}$$

其中，$D_{ff}^d$ 为期望的阻尼矩阵。将式(4-21)代入式(4-19)得

$$M_{ff}\ddot{q}+D_{ff}^d\dot{q}+K_{ff}q=0 \tag{4-22}$$

这就使机器人柔性变形运动成为理想阻尼情况下的自由振动，将迅速衰减。而式(4-21)可简化为

$$A\varepsilon=b \tag{4-23}$$

其中，$A=M_{fr}Z\in R^{nf\times nr}$，$b\in R^{nf}$ 为式(4-21)的右边部分。式(4-23)是一个有 $nr$ 个未知数和 $nf$ 个方程的线形方程组。定义机器人的冗余度为 $\rho=nr-m$，则当机器人不处于奇异位姿时有 $\mathrm{rank}(Z)=\rho$，又因为一般情况下 $\mathrm{rank}(M_{fr})=\min(nr,nf)$，于是 $\mathrm{rank}(A)=\min(\rho,nr,nf)=\min(\rho,nf)$。因此当 $\rho\geqslant nf$，即柔性自由度小于冗余度时，式(4-23)有解，解得的 $\varepsilon$ 可使柔性变形运动遵从式(4-22)，即使得振动得到了抑制。但一般实际情况下 $\rho<nf$，即冗余度小于柔性自由度，式(4-23)只有最小二乘意义上的解，即伪逆解：

$$\varepsilon=A^+b=(A^{\mathrm{T}}A)^{-1}A^{\mathrm{T}}b \tag{4-24}$$

其中，$A^+$ 为 Moore-Penrose 广义逆，满足与4.1.1节所述 $J^+$ 相同的4项条件。在初始运动参数已知时，将根据期望的末端加速度 $\ddot{X}$ 求得的零化激励力的 $\varepsilon$ 矢量，代入式(4-19)可得柔性运动 $\ddot{q}$，再由式(4-2)可得跟踪末端期望轨迹并满足抑振要求的关节驱动力矩，这就实现了柔性冗余度机器人的计算力矩抑振控制。

伪逆解虽然可在最小二乘意义上满足式(4-21),也能取得一定的抑振效果,但效果有限。如果采用其他方法选择更有利于抑振的自运动,将能获得更好的抑振效果。

### 4.1.4 自运动选择方法

针对冗余度小于柔性自由度的一般实际情况,文献[6]和[7]分别在假设$D_{ff}$为零或为比例阻尼的情况下,对机器人柔性变形运动的振动方程式(4-19)进行了实模态解耦分析,通过自运动选择零化机器人振动的模态激励力,获得了一定的抑振效果。但由于结构阻尼不是比例阻尼,更不为零,因此,文献[6]和[7]的这些简化处理降低了整个机器人动力学模型的精度,而不仅是使柔性变形和振动的幅度有所放大。所谓不考虑阻尼只是使振动幅度有所放大,所获得的抑振算法在实际存在阻尼时将有更好的抑振效果的看法显然是错误的。因此文献[6]和[7]对阻尼矩阵的简化处理对抑振效果有较大的影响。本章方法根据复模态分析理论,无需对机器人柔性变形运动振动方程的阻尼矩阵做任何假设,对振动方程进行复模态分析,通过自运动的优化选择在复模态空间中零化复模态激励力,以抑制振动。

取状态向量 $Y=[q^{\mathrm{T}},\dot{q}^{\mathrm{T}}]^{\mathrm{T}}$,则式(4-19)可写为如下状态空间的形式[9]。

$$\dot{Y}=AY+Bf_e \tag{4-25}$$

其中,$A=\begin{bmatrix}-M_{ff}^{-1}D_{ff} & -M_{ff}^{-1}K_{ff}\\ I & 0\end{bmatrix}$,$B=\begin{bmatrix}M_{ff}^{-1}\\ 0\end{bmatrix}$,$A$ 中 $I$ 为 $nf$ 维单位方阵。求解式(4-25)的特征值问题,可得 $2nf$ 个复特征值 $\lambda_i(i=1,2,\cdots,2nf)$,及对应的左右复模态向量 $\boldsymbol{u}_i,\boldsymbol{v}_i(i=1,2,\cdots,2nf)$。

令 $\Lambda=\begin{bmatrix}\lambda_1 & & 0\\ & \ddots & \\ 0 & & \lambda_{2nf}\end{bmatrix}$,$V=[v_1,v_2,\cdots,v_{2nf}]$,$U=[u_1,u_2,\cdots,u_{2nf}]$分别为特征值矩阵、左右模态矩阵,引入坐标变换得

$$Y=\sum_{i=1}^{2nf}\varphi_i u_i=U\Phi \tag{4-26}$$

将式(4-26)代入式(4-25),再左乘 $V^{\mathrm{T}}$ 可得

$$\dot{\Phi}=\Lambda\Phi+Q_e \tag{4-27}$$

令 $V_H\in R^{nf\times 2nf}$ 为左模态矩阵 $V$ 的上半截，则有

$$Q_e=V^{\mathrm{T}}Bf_e=V_H^{\mathrm{T}}M_{ff}^{-1}f_e \tag{4-28}$$

复特征值和复特征向量总是以共轭复数的形式成对出现，若令 $v_{H,i}\in R^{nf\times 2nf}$ 为第 $i$ 个左特征向量的上半截，则特征向量对之间有如下关系：

$$v_{H,i+nf}=\bar{v}_{H,i}\quad (i=1,2,\cdots,nf) \tag{4-29}$$

因此若把式(4-28)看成是形如 $V_H^{\mathrm{T}}x=b$ 的复数方程组，则当 $b$ 等于零时由式(4-29)可知它同解于

$$V_{RH}^{\mathrm{T}}M_{ff}^{-1}f_e=0 \tag{4-30}$$

其中，$V_{RH}=[\mathrm{Re}(v_1),\mathrm{Re}(v_2),\cdots,\mathrm{Re}(v_{nf}),\mathrm{Im}(v_1),\mathrm{Im}(v_2),\cdots,\mathrm{Im}(v_{nf})]$。由于高阶模态总是迅速衰减，因此对式(4-26)进行模态截断，保留低阶的 $\rho$ 对模态有

$$V_{\rho RH}=[\mathrm{Re}(v_1),\mathrm{Re}(v_2),\cdots,\mathrm{Re}(v_\rho),\mathrm{Im}(v_1),\mathrm{Im}(v_2),\cdots,\mathrm{Im}(v_\rho)] \tag{4-31}$$

因此，为零化与所选择的低阶模态相对应的模态激励力，有

$$V_{\rho RH}^{\mathrm{T}}M_{ff}^{-1}f_e=-V_{\rho RH}^{\mathrm{T}}M_{ff}^{-1}M_{fr}J_r^{+}(\ddot{X}-\dot{J}_r\dot{\theta})-V_{\rho RH}^{\mathrm{T}}M_{ff}^{-1}M_{fr}Z\varepsilon-V_{\rho RH}^{\mathrm{T}}M_{ff}^{-1}Q_f=0 \tag{4-32}$$

令 $V_{\rho RHL}=[\mathrm{Re}(v_1),\mathrm{Re}(v_2),\cdots,\mathrm{Re}(v_\rho)]$。由于自运动的虚部是无法实现的，仅需求 $\varepsilon$ 的实部，由式(4-32)，有

$$\varepsilon=A_f^{+}b_f \tag{4-33}$$

其中，$A_f=V_{\rho RHL}^{\mathrm{T}}M_{ff}^{-1}M_{fr}Z\in R^{\rho\times nr}$，$b_f=-V_{\rho RHL}^{\mathrm{T}}M_{ff}^{-1}(M_{fr}J_r^{+}(\ddot{X}-\dot{J}_r\dot{\theta})+Q_f))$，$A_f^{+}$ 为 $A_f$ 的 Moore-Penrose 广义逆，满足与4.1.1节所述 $J^{+}$ 相同的4项条件。由于 $\mathrm{rank}(A_f)=\min(\rho,nf,nr)=\rho$，所以式(4-33)有解。这就求得了零化复模态激励力所需的 $\varepsilon$，进而可实现柔性冗余度机器人的抑振控制。

### 4.1.5　算例仿真及结果分析

为验证本节提出的自运动选择的复模态算法的有效性及抑振效果，以下以北京航空航天大学陆震教授领导研制的空间四杆柔性机器人 Buaa-Frr

为例进行仿真。该机器人末杆及末关节为柔性，其机器人结构简图如图 4－1 所示。该机器人是关节型机器人，第三和第四转动关节共处在同一个球形的连接体中，末关节可安装各种性能的柔性杆件。忽略机器人末端姿态误差只考虑其位置，则 Buaa－Frr 机器人有一个冗余自由度，假设模态法建模时对末杆保留两阶模态，因此属于柔性自由度大于冗余度的情况。该机器人前置 $D-H$ 参数、所含刚性杆件及柔性末杆的物理参数分别如表 4－1～表 4－3 所示。

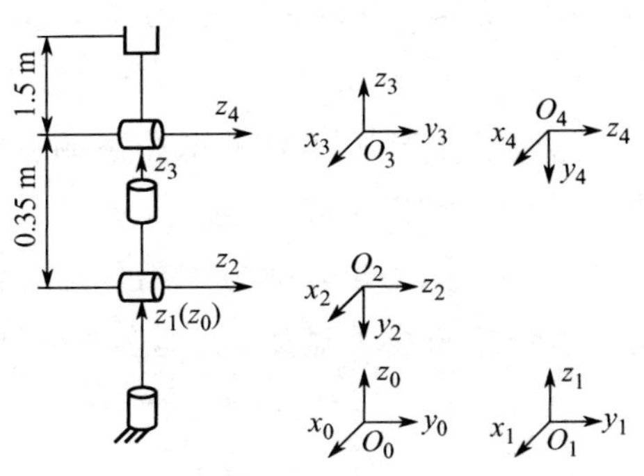


图 4－1 Buaa－Frr 机器人结构简图及前置 $D-H$ 坐标系

**表 4－1 Buaa－Frr 柔性机器人前置 $D-H$ 参数**

| 关节序号 $i$ | 关节转角 $\theta_i$/deg | 连杆长度 $a_i$/m | 连杆偏距 $d_i$/m | 连杆扭角 $\alpha_i$/deg |
|---|---|---|---|---|
| 1 | $\theta_1$ | 0.0 | 0.0 | －90 |
| 2 | $\theta_2$ | 0.0 | 0.0 | 90 |
| 3 | $\theta_3$ | 0.0 | 0.35 | －90 |
| 4 | $\theta_4$ | 1.5 | 0.0 | 0 |

**表 4－2 Buaa－Frr 机器人所含刚性杆件的物理参数**

| 弹性模量 $E$/GPa | 材料密度 $\rho$/kg·m$^{-3}$ | 正方形截面边长 $b$/m |
|---|---|---|
| 71 | 2 710 | 0.05 |

**表 4－3 Buaa－Frr 机器人所含柔性末杆的物理参数**

| 杆长 $L$/m | 杨氏模量 $E$/N·m$^{-1}$ | 材料线密度 $\rho_l$/kg·m$^{-1}$ | 截面惯性矩 $I$/m$^4$ |
|---|---|---|---|
| 1.5 | $2.0\times10^{11}$ | 0.8 | $1.0\times10^{-10}$ |

仿真时该柔性冗余度机器人的初始状态为各杆静止不动，即关节角速度及末端速度初值均为零。且初始形位为 $\theta=[0,0,0,0]^{\mathrm{T}}$ rad，即机器人如机器人结构简图 4－1 所示的那样，各杆件都处于竖直状态。

末端的期望运动轨迹为

$$\ddot{X}=(a_x,a_y,a_z)^{\mathrm{T}},$$

其中，

$$a_x=\begin{cases}1\ \text{m/s}^2, & 0\leqslant t\leqslant 0.5\ \text{s}\\ -2\ \text{m/s}^2, & 0.5\ \text{s}<t\leqslant 0.75\ \text{s}\\ 0\ \text{m/s}^2, & t>0.75\ \text{s}\end{cases},a_y=a_x,a_z=-\frac{1}{2}a_x$$

为验证本节所述复模态算法的有效性和良好效果，在完全相同的参数条件下，分别使用直接伪逆法（见 4.1.2 节）及复模态法进行了数值仿真。图 4-2 和图 4-3 分别为采用复模态法和直接伪逆法时，所得机器人末端振动变形误差曲线。显然，复模态法的抑振效果更好。

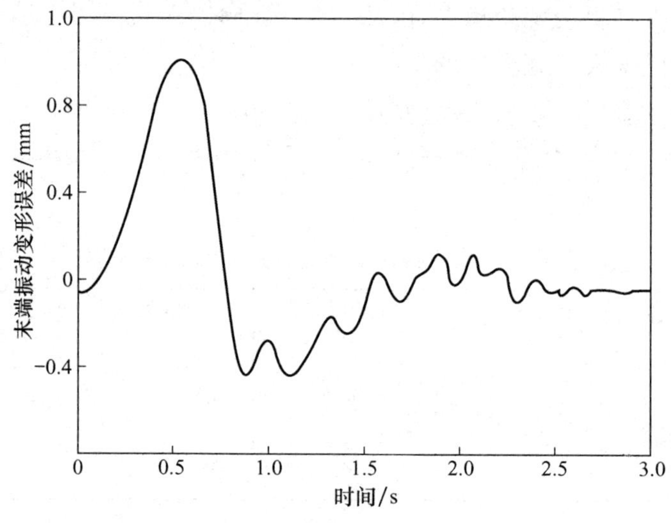


图 4-2　复模态法

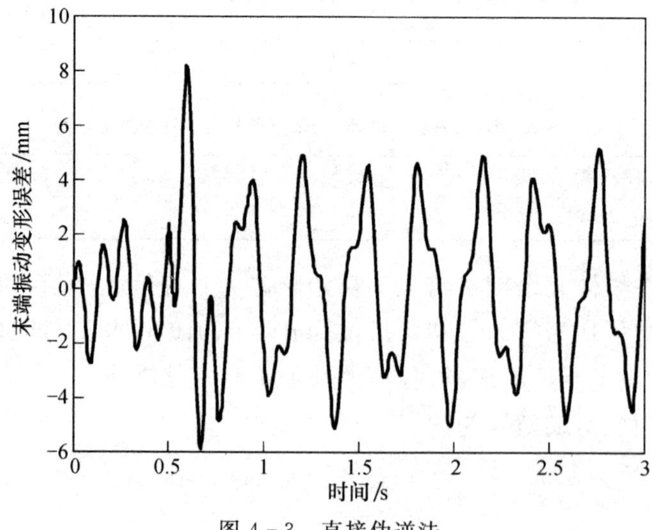


图 4-3　直接伪逆法

对柔性机器人进行抑振控制的主要目的就是要降低机器人末端由于柔性变形振动引起的轨迹跟踪误差,以提高机器人的运行精度。由上述仿真结果可以看出,本节所述的复模态法通过对机器人振动的抑制使机器人末端的变形误差得到了很好的抑制,在整个运行过程中其最高峰值也不到 0.9 mm。而直接伪逆法则达到了 8.17 mm。这说明直接伪逆法不能有效地抑制柔性机器人的振动,而基于本节所述的复模态法进行自运动的优化选择,对柔性冗余度机器人进行计算力矩控制,则可以获得很好的振动抑制效果,使机器人在运行过程中,其末端的变形误差很小,能很好地跟踪期望轨迹。由上述仿真结果还可以看出,当采用直接伪逆法时,即使在机器人主动运动停止之后(0.75 ms 之后),由于机器人柔性变形振动持续存在,机器人末端也持续存在较高的变形误差值,而复模态法则可使机器人末端柔性变形误差比较迅速地趋近于零。这也是本节所介绍复模态方法的一个重要特点。

图 4-4～图 4-7 分别为仿真所用机器人的 4 个关节在仿真控制过程中计算所得的驱动力矩曲线。由上述各图可以看出,由于在仿真控制过程中,基于本章提出的复模态法,以抑制机器人的柔性变形振动(即零化复模态激励力)为优化目标,对该柔性冗余度机器人的自运动进行了优化选择,即使在机器人操作空间期望轨迹加速度基本保持恒定的情况下,各关节的驱动力矩也会有较大幅度和较高频率的波动。而各关节因所带负载不同,其驱动力矩的大小也有所不同。在机器人末端期望加速度、速度为零,末端期望轨迹保持不变之后(0.75 ms 之后),各关节驱动力矩并不会立即变成零,而且还出

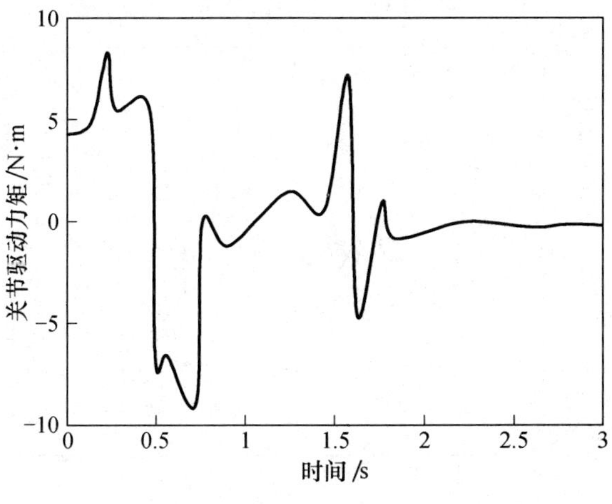


图 4-4 第一关节

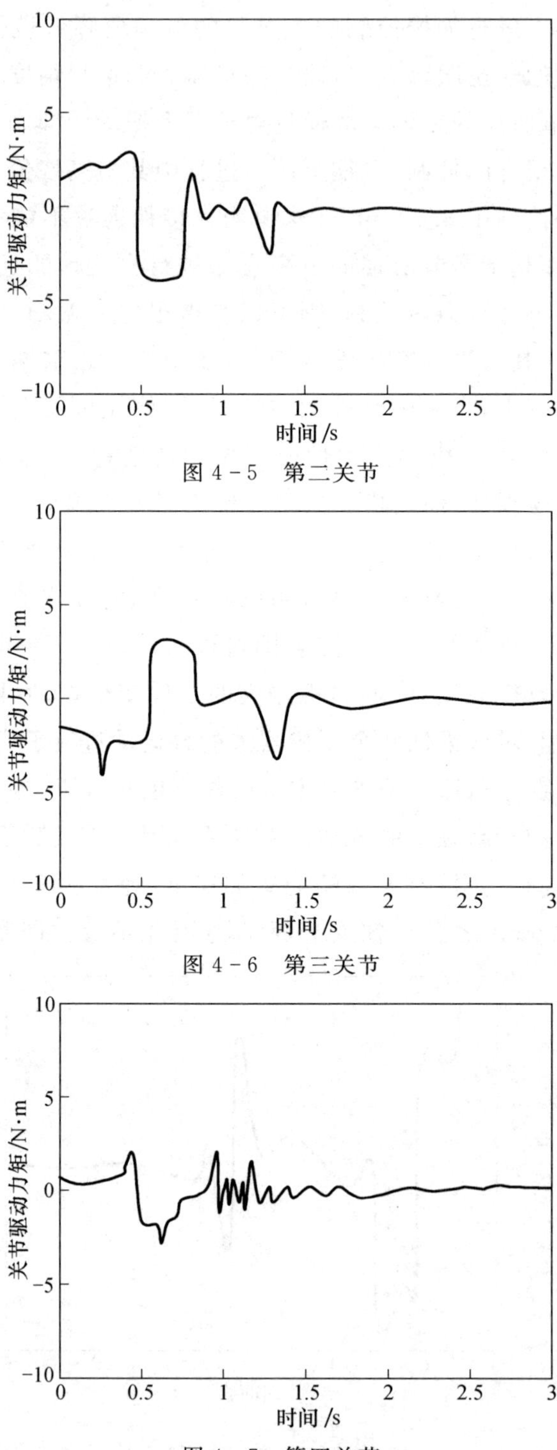


图4-5　第二关节

图4-6　第三关节

图4-7　第四关节

现波动。这是因为机器人主动运动停止以后,还会存在柔性变形振动,仍然需要机器人进行不引起末端位姿变化的自运动以抑制柔性变形振动。随着机器人柔性变形振动逐渐趋近于停止,各关节驱动力矩也会趋近于零,即各关节的运动也将最终逐渐停止。

由以上仿真可知,根据本节介绍的复模态法选择自运动以零化复模态激励力,进行柔性冗余度机器人的计算力矩控制,能有效实现机器人柔性变形振动的抑制。

## 4.2 柔性冗余度机器人的力矩优化

从机器人工作过程的安全性来考虑,进行关节驱动力矩的优化是非常重要的[10],它可以防止关节力矩的过载,进而防止控制失效甚至机器人本身的损坏。对于冗余度机器人而言,一般可以利用自运动能力在完成给定任务的同时实现关节力矩的优化[11,12]。对于柔性冗余度机器人而言,进行柔性变形振动的抑制和关节力矩优化都是十分重要的。如果仅从防止关节力矩过载的角度出发对机器人进行关节力矩优化,虽然可以保证机器人在运行过程中具有最小的关节力矩,而机器人柔性变形振动得不到抑制,将无法保证机器人末端的轨迹跟踪性能,影响机器人操作任务的完成。另外,如果只考虑进行柔性变形振动的抑制,虽然可以大大提高机器人的运行精度,但机器人在运行过程中关节力矩随时存在越限的危险,而一旦关节力矩越限,对机器人的控制失效甚至会损坏机器人本身(如烧坏电机等)。因此对柔性冗余度机器人而言,应同时考虑柔性变形振动的抑制和关节力矩的优化。

本节讨论柔性冗余度机器人的力矩优化问题,介绍一种柔性冗余度机器人的动力学优化算法。算法采用拉格朗日乘子法,根据复模态算法进行动力学优化以实现机器人末端的振动抑制,又同时进行关节驱动力矩的优化,最后以一个三维四自由度柔性机器人为例给出了的数值仿真实例。

### 4.2.1 关节力矩优化方案

以刚性冗余度机器人的最小关节驱动力矩优化方法为基础[11,12],可推导出柔性冗余度机器人最小关节驱动力矩优化表达式。

令 $\tau^{+} \in R^{nr}$ 和 $\tau^{-} \in R^{nr}$ 分别为机器人关节驱动力矩的上限和下限,其

中，$nr$ 为机器人的刚性自由度数(即关节数)，并令允许关节力矩的中值为

$$\tau_{\text{mid}}=\frac{\tau^{+}+\tau^{-}}{2} \tag{4-34}$$

如果把 $\tau_{\text{mid}}$ 看成是所要求的最小关节力矩(因为这样的关节力矩最不容易越限)，则力矩优化的目的就是使实际关节驱动力矩在最小二乘意义上尽可能地接近该值。其数学描述为

$$\min\|\tau(Z\varepsilon)-\tau_{\text{mid}}\|_2 \tag{4-35}$$

式中，$Z=(I-J_r^{+}J_r)$，$Z\varepsilon$ 的物理意义为不引起末端位姿变化的关节运动，称为冗余度机器人的自运动。$\tau(Z\varepsilon)$ 即指由式(4-2)所得的实际关节驱动力矩，它是自运动矢量的函数。

根据式(4-35)求得满足关节力矩优化的关节空间运动轨迹，就可实现以最小关节驱动力矩为目标的冗余度机器人冗余度求解。但上述方法在计算过程中，需要进行两次伪逆计算，而伪逆的计算用的是奇异值分解，因此若矩阵出现病态，将导致计算的不稳定[11]。对于柔性冗余度机器人，这一问题将变得更为严重[5]。

为解决计算稳定性问题，按照类似于刚性冗余度机器人的有关方法[12,13]，可以由拉格朗日乘子法导出柔性冗余度机器人最小关节力矩的计算公式。此时，极小化关节驱动力矩的数学描述为

$$\min(Z)=\min(\tau^{\mathrm{T}}\tau) \tag{4-36}$$

$$\text{s.t.}\quad J_r\ddot{\theta}+\dot{J}_r\dot{\theta}+J_f\ddot{q}+\dot{J}_f\dot{q}-\ddot{X}=0 \tag{4-37}$$

式中，$\tau$ 由式(4-2)给定，约束条件式(4-37)即为机器人要满足的末端期望运动轨迹要求。引入拉格朗日乘子 $\lambda\in R^m$，则有

$$Z=\tau^{\mathrm{T}}\tau+\lambda^{\mathrm{T}}(J_r\ddot{\theta}+\dot{J}_r\dot{\theta}+J_f\ddot{q}+\dot{J}_f\dot{q}-\ddot{X}) \tag{4-38}$$

极小化 $Z$，需要满足的条件为

$$\frac{\partial Z}{\partial\ddot{\theta}}=0 \tag{4-39}$$

$$\frac{\partial Z}{\partial\lambda}=0 \tag{4-40}$$

求解上述条件，可得满足关节力矩优化的关节空间运动轨迹，也就可实现以最小关节驱动力矩为目标的冗余度机器人冗余度求解。该方法的数值稳定性有较大提高[5]，因此本节介绍的动力学优化方法也将以拉格朗日乘

子法为基础来实现。

### 4.2.2 动力学优化算法

令 $m$ 为机器人工作空间的维数，$n$、$nr$、$nf$（$n=nr+nf$）分别为机器人的总自由度数、刚性自由度数和柔性自由度数。$X\in R^m$ 为机器人末端位姿向量，则对于柔性机器人有

$$X=f(\theta,q) \tag{4-41}$$

对式(4-41)求导可得直角坐标空间和广义坐标（含关节位移坐标和柔性变形坐标）空间内速度和加速度关系式，如下：

$$\dot{X}=J_r\dot{\theta}+J_f\dot{q} \tag{4-42}$$

$$\ddot{X}=J_r\ddot{\theta}+J_f\ddot{q}+\dot{J}_r\dot{\theta}+\dot{J}_f\dot{q} \tag{4-43}$$

其中，$J_r=\partial f/\partial\theta\in R^{m\times nr}$，$J_f=\partial f/\partial q\in R^{m\times nf}$ 分别是机器人刚性运动和柔性运动的雅可比矩阵。

柔性机器人的刚性运动和柔性运动是相互耦合的，但柔性运动幅度相对较小，可以看成是对刚性运动的扰动。通常在轨迹规划和运动学反解时忽略柔性运动的影响，并通过抑制振动来消除所造成的误差。因此式(4-43)可简化为

$$\ddot{X}=J_r\ddot{\theta}+\dot{J}_r\dot{\theta} \tag{4-44}$$

对冗余度机器人，在非奇异位形处 $\text{rank}(J_r)=m<nr$，$\ddot{\theta}$ 有无穷多解，可进行优化求解。由 4.1 节可知，对动力学方程进行复模态变换可得机器人柔性振动的复模态激励力为

$$Q_e=V_{RHL}^{\mathrm{T}}M_{ff}^{-1}f_e=V_{RHL}^{\mathrm{T}}M_{ff}^{-1}[-M_{fr}\ddot{\theta}-Q_f] \tag{4-45}$$

其中，$V_{RHL}\in R^{nf\times nf}$ 为左模态矩阵的上半截的实数部分。

通过自运动的选择零化或最小化此激励力，可实现机器人末端振动的抑制。现在要同时优化（极小化）关节力矩，则优化问题成为

$$\min(Z)=\min(\tau^{\mathrm{T}}\tau+Q_e^{\mathrm{T}}Q_e) \tag{4-46}$$

$$\text{s.t.}\quad J_r\ddot{\theta}+\dot{J}_r\dot{\theta}-\ddot{X}=0 \tag{4-47}$$

引入拉格朗日乘子 $\lambda\in R^m$，则有

$$Z=\tau^{\mathrm{T}}\tau+Q_e^{\mathrm{T}}Q_e+\lambda^{\mathrm{T}}(J_r\ddot{\theta}+\dot{J}_r\dot{\theta}-\ddot{X}) \tag{4-48}$$

令 $B=2M_{rr}^{\mathrm{T}}(M_{rf}\ddot{q}+Q_r)+2(V_{RHL}^{\mathrm{T}}M_{ff}^{-1}M_{fr})^{\mathrm{T}}(V_{RHL}^{\mathrm{T}}M_{ff}^{-1}Q_f)$ 及 $A=$

$-[2M_{rr}^{\mathrm{T}}M_{rr}+2(V_{RHL}^{\mathrm{T}}M_{ff}^{-1}M_{fr})^{\mathrm{T}}(V_{RHL}^{\mathrm{T}}M_{ff}^{-1}M_{fr})]$，并求解下述条件：

$$\frac{\partial Z}{\partial \ddot{\theta}}=0 \tag{4-49}$$

$$\frac{\partial Z}{\partial \lambda}=0 \tag{4-50}$$

可得

$$\ddot{\theta}=A^{-1}B+A^{-1}J_r^{\mathrm{T}}\lambda \tag{4-51}$$

$$J_r\ddot{\theta}+\dot{J}_r\dot{\theta}-\ddot{X}=0 \tag{4-52}$$

再由上述两式联立可求得

$$\ddot{\theta}=D(\ddot{X}-\dot{J}_r\dot{\theta})+(I-DJ_r)A^{-1}B \tag{4-53}$$

其中，$D=A^{-1}J_r^{\mathrm{T}}(J_rA^{-1}J_r^{\mathrm{T}})^{-1}$。容易验证 $J_rD=I$ 成立，所以 $D$ 是 $J_r$的右逆，但 $DJ_r\neq I$。

这就完成了动力学方程的优化求解，进而可实现相应的控制算法。与直接求伪逆解相比，上述算法是一种既利用复模态算法实现机器人末端振动的抑制，又同时进行了关节力矩优化的柔性冗余度机器人动力学优化算法。下面针对一个三维四自由度柔性冗余度机器人进行该算法的数值仿真，以检验其效果。

### 4.2.3 数值仿真

为验证本节介绍的动力学优化算法的有效性及效果，以下以北京航空航天大学陆震教授领导研制的空间四杆柔性机器人 Buaa－Frr 为例进行仿真。此机器人末杆及末关节为柔性，其机器人结构简图如图 4－1 所示。该机器人是关节型机器人，第三和第四转动关节共处在同一个球形的连接体中，末关节可安装各种性能的柔性杆件。忽略机器人末杆姿态误差只考虑其位置，则 Buaa－Frr 机器人有一个冗余自由度，假设模态法建模时对末杆保留两阶模态。该机器人前置 $D-H$ 参数、所含刚性杆件及柔性末杆的物理参数分别如表 4－1～表 4－3 所示。

仿真时该柔性冗余度机器人的初始状态为各杆静止不动，即关节角速度及末端速度初值均为零。且初始形位为 $\theta=[0,0,0,0]^{\mathrm{T}}$rad，即机器人如机器人结构简图 4－1 所示的那样，各杆件都处于竖直状态。

末端的期望运动轨迹为

$$\ddot{X}=(a_x,a_y,a_z)^{\mathrm{T}},$$

其中，

$$a_x=\begin{cases}1\ \mathrm{m/s^2}, & 0\leqslant t\leqslant 0.5\ \mathrm{s}\\ -2\ \mathrm{m/s^2}, & 0.5\ \mathrm{s}<t\leqslant 0.75\ \mathrm{s}\\ 0\ \mathrm{m/s^2}, & t>0.75\ \mathrm{s}\end{cases},a_y=a_x,a_z=-\frac{1}{2}a_x$$

为验证本节介绍的既考虑抑振同时又进行力矩优化的动力学优化算法的有效性和良好效果，在完全相同的上述参数条件下，分别在只考虑抑振（复模态法）和同时考虑抑振（复模态法）和力矩优化的两种不同情况下进行数值仿真。图 4-8 为两种情况下所得机器人末端变形误差对比图。图 4-9～图 4-12 则为两种情况下所得机器人各个关节的驱动力矩对比图。以上各

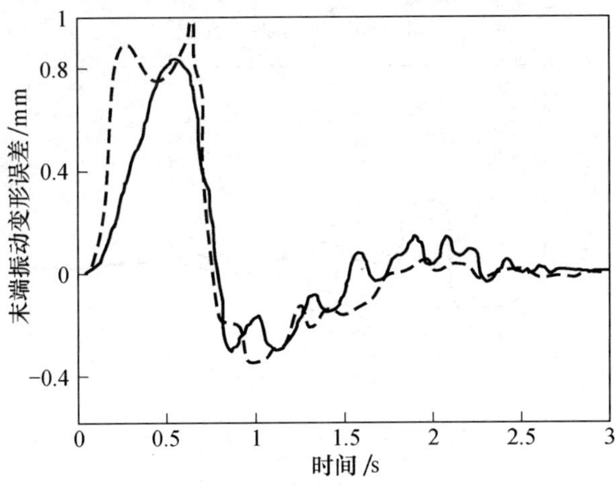


图 4-8 末端误差对比图

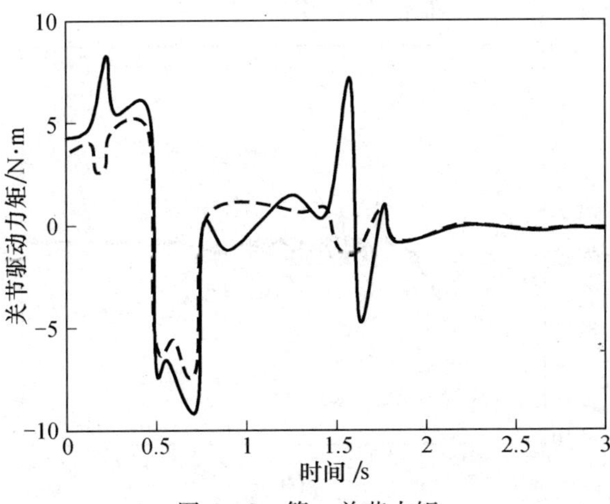


图 4-9 第一关节力矩

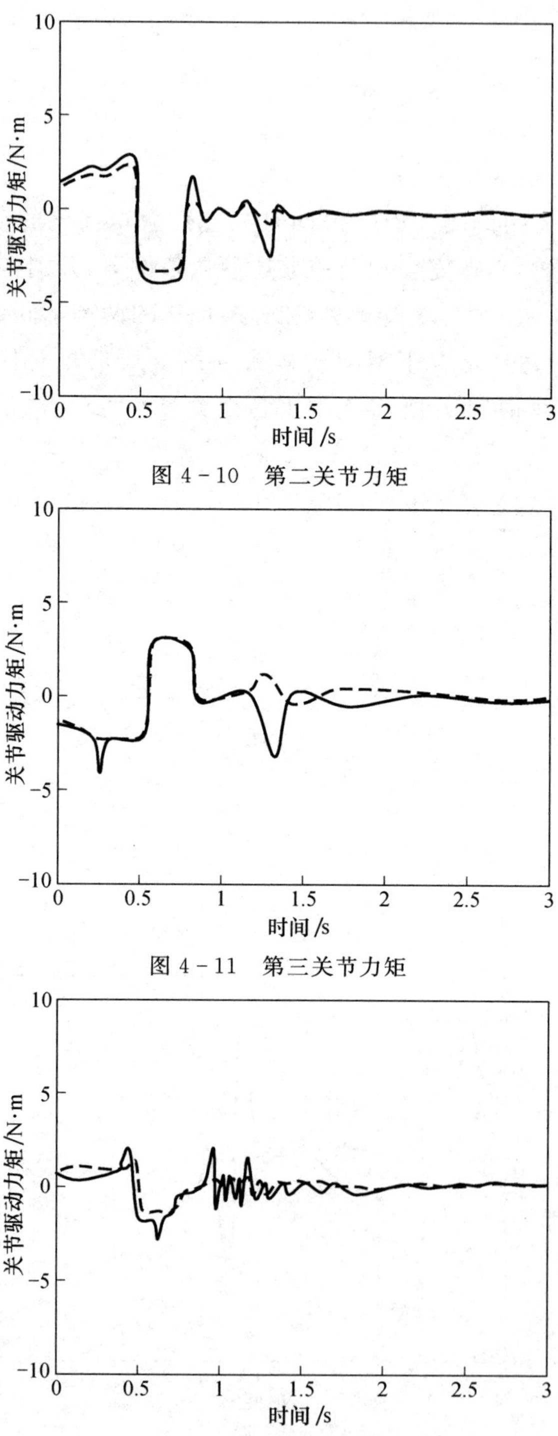


图 4-10　第二关节力矩

图 4-11　第三关节力矩

图 4-12　第四关节力矩

图中曲线实线为只考虑复模态法抑振时的结果,虚线则表示同时考虑抑振和关节力矩优化时的结果。

由图 4-9～图 4-12 可知,同时考虑抑振和力矩优化之后,机器人所有各个关节的驱动力矩都比只考虑抑振时要小,突变也变得更为平和。尤其是各个关节的驱动力矩峰值基本都有很大改善,这使机器人在运行过程中发生关节力矩的越限的可能性大大降低。再由图 4-8 可知,同时考虑抑振和力矩优化时,机器人末端柔性变形误差仍然保持在较小的范围之内(峰值不超过 1 mm)。这就初步验证了本节介绍的基于拉格朗日乘子法的、既考虑抑振又进行力矩优化的柔性冗余度机器人动力学优化算法是有效的,取得了较好的效果,可保证机器人安全、可靠地实现规划操作。

但由图 4-8 也可知,同时考虑抑振和力矩优化时,机器人末端柔性变形误差比只考虑抑振时要略大一些,误差峰值从不到 0.9 mm 增加到了 1 mm,这说明同时考虑关节力矩优化是要以牺牲一定的柔性变形振动抑制效果为代价的。

## 参考文献


[1] Barbieri E, Wang Q. An example of optimal set-point relegation for self-motion control in redundant flexible robots. Proc IEEE Conf Robotics and Automation, 1990:632-637.

[2] Nguyen L A, Walker I D, Defigueiredo R J P. Dynamic control of flexible kinematically redundant robot manipulators. IEEE Trans Robotics and Automation, 1992,8(6):759-767.

[3] Bailleul J. Kinematic redundancy and the control of robots with flexible complements. Proc IEEE Conf Robotics and Automation, 1992:715-721.

[4] Kuo J A, Sanger D J. Effects of joint configuration on required joint stiffness for kinematically redundant manipulators. IFtoMM Proc 9th World Congress on the Theory of Machines and Mechanisms, 1995:1866-1870.

[5] 岳士岗.柔性冗余度机器人动力学研究.北京工业大学博士论文,1995.

[6] 何广平.柔性冗余度机器人动力学优化研究.北京航空航天大学硕士论文,1997.

[7] 边宇枢.柔性冗余度机器人动力学分析与控制.北京航空航天大学博士论文,1998.

[8] Wu L, Sun Z, Sun F et al. Complex number mode approach for reducing vibration of structural flexible redundant robot manipulators. Chinese J Mechanical Engineering (English Edition),2001,2(14):102-105.

[9] 管迪华.模态分析技术.北京:清华大学出版社,1996.

[10] Chapnik B V, Heppler G R, Aplevich. Controlling the impact response of a one-link flexible robots arm. IEEE Trans Robotics and Automation, 1993, 9(3): 346 - 351.

[11] Hollerbach J M, Suh K C. Redundancy resolution of manipulators through torque optimization. IEEE J Robotics and Automation, 1987, RA - 3(4): 308 - 316.

[12] Kazerounian K, Nedungadi A. An alternative method for minimization of the driving forces in redundant manipulators. Proc IEEE Inter Conf Robotics and Automation, 1987: 1701 - 1706.

[13] 熊有伦，丁汉，刘恩沧. 机器人学. 北京：机械工业出版社，1993.

# 第 5 章　柔性双臂空间机器人运动学分析

描述空间机器人微分运动学的矩阵,即末端速度与关节速度之间的关系矩阵称为广义雅可比矩阵(generalized Jacobian matrix, GJM)。由于广义雅可比矩阵不仅与杆长、关节角等机器人结构参数相关,还是质量和惯性矩等系统动力学惯性参数的函数。因此空间机器人运动学奇异也与系统动力学惯性参数有关,被称为动力学奇异(dynamic singularities,DS)。动力学奇异点不仅与关节角的当前值有关,在任务空间中还与关节运动的整个路径有关。因此,动力学奇异使空间机器人工作空间分析和运动规划变得十分复杂。

对于工作空间,空间机器人本体位姿不固定,并可用推进系统进行控制,似乎具有无限的工作空间。但由于携带燃料的限制,实际也只能工作在一定空间之内。而且为节约宝贵的燃料,机械臂进行操作时,空间机器人系统往往工作在自由飘浮状态,此时工作空间不仅是结构尺寸的函数,还与各部分的质量分布有关。

本章以柔性双臂空间机器人为例,讨论空间机器人雅可比及工作空间问题,并讨论柔性振动对工作空间的影响问题。

## 5.1　空间机器人雅可比

本节以图 3-1 所示柔性双臂空间机器人为例,讨论空间机器人雅可比和广义雅可比矩阵的推导建立方法,以及对等刚性系统(不考虑臂杆柔性时的机器人系统)的雅可比和广义雅可比矩阵。

### 5.1.1　柔性双臂空间机器人雅可比矩阵

定义如图 3-1 所示柔性双臂空间机器人末端位置和转角向量为:$p_e=$

$(x_{e3}, y_{e3}, x_{e5}, y_{e5}, \theta_{e3}, \theta_{e5})^{\mathrm{T}}$，其中 $\theta_{ei}$ 指末端切向角，即 $x_{ie}$ 与 $x_0$ 的夹角。由于

$$\begin{pmatrix} x_{e3} \\ y_{e3} \end{pmatrix} = R_{01} + A_1^0 R_{12} + A_2^0 R_{23} + A_3^0 \begin{pmatrix} l_3 \\ u_{3l} \end{pmatrix}$$

$$\begin{pmatrix} x_{e5} \\ y_{e5} \end{pmatrix} = R_{01} + A_1^0 R_{14} + A_4^0 R_{45} + A_5^0 \begin{pmatrix} l_5 \\ u_{5l} \end{pmatrix}$$

$$\theta_{e3} = \alpha + \theta_1 + \theta_2 + \theta_3 + u'_{3l}$$

$$\theta_{e5} = \pi - \alpha + \theta_1 + \theta_4 + \theta_5 + u'_{5l}$$

因此有

$$p_e = f(p) = \begin{pmatrix} \begin{pmatrix} x_1 \\ y_1 \end{pmatrix} + A_1^0 R_{12} + A_2^0 R_{23} + A_3^0 \begin{pmatrix} l_3 \\ u_{3l} \end{pmatrix} \\ \begin{pmatrix} x_1 \\ y_1 \end{pmatrix} + A_1^0 R_{14} + A_4^0 R_{45} + A_5^0 \begin{pmatrix} l_5 \\ u_{5l} \end{pmatrix} \\ \alpha + \theta_1 + \theta_2 + \theta_3 + u'_{3l} \\ \pi - \alpha + \theta_1 + \theta_4 + \theta_5 + u'_{5l} \end{pmatrix} \tag{5-1}$$

其中，$u_{il} = u_{ix}|_{x=l}$，$u'_{il} = u'_{ix}|_{x=l}$，$l_3 = l_5 = l$。定义记号 $\varphi_{ijl} = \varphi_{ij}(l)$，$\varphi'_{ijl} = \varphi'_{ij}(l)$，$\varphi_{il} = \varphi_i(l)$，$\varphi'_{il} = \varphi'_i(l)$。

对式(5-1)求导可得 $\dot{p}_e = J\dot{p}$，其中 $J$ 即为雅可比矩阵。

用 $J_i = \dfrac{\partial p_e}{\partial p_i}$ 表示雅可比矩阵的第 $i$ 列，有

$$J_1 = \frac{\partial p_e}{\partial p_1} = \frac{\partial p_e}{\partial x_1} = \begin{pmatrix} 1 \\ 0 \\ 1 \\ 0 \\ 0 \\ 0 \end{pmatrix}$$

$$J_2 = \frac{\partial p_e}{\partial p_2} = \frac{\partial p_e}{\partial y_1} = \begin{pmatrix} 0 \\ 1 \\ 0 \\ 1 \\ 0 \\ 0 \end{pmatrix}$$

$$J_3=\frac{\partial p_e}{\partial p_3}=\frac{\partial p_e}{\partial \theta_1}=\begin{pmatrix}\tilde{A}_1^0 R_{12}+\tilde{A}_2^0 R_{23}+\tilde{A}_3^0\begin{pmatrix} l_3 \\ u_{3l}\end{pmatrix} \\ \tilde{A}_1^0 R_{14}+\tilde{A}_4^0 R_{45}+\tilde{A}_5^0\begin{pmatrix} l_5 \\ u_{5l}\end{pmatrix} \\ 1 \\ 1\end{pmatrix}$$

$$J_4=\frac{\partial p_e}{\partial p_4}=\frac{\partial p_e}{\partial \theta_2}=\begin{pmatrix}\tilde{A}_2^0 R_{23}+\tilde{A}_3^0\begin{pmatrix} l_3 \\ u_{3l}\end{pmatrix} \\ 0 \\ 0 \\ 1 \\ 0\end{pmatrix}$$

$$J_5=\frac{\partial p_e}{\partial p_5}=\frac{\partial p_e}{\partial \theta_3}=\begin{pmatrix}\tilde{A}_3^0\begin{pmatrix} l_3 \\ u_{3l}\end{pmatrix} \\ 0 \\ 0 \\ 1 \\ 0\end{pmatrix}$$

$$J_6=\frac{\partial p_e}{\partial p_6}=\frac{\partial p_e}{\partial \theta_4}=\begin{pmatrix} 0 \\ 0 \\ \tilde{A}_4^0 R_{45}+\tilde{A}_5^0\begin{pmatrix} l_5 \\ u_{5l}\end{pmatrix} \\ 0 \\ 1\end{pmatrix}$$

$$J_7=\frac{\partial p_e}{\partial p_7}=\frac{\partial p_e}{\partial \theta_5}=\begin{pmatrix} 0 \\ 0 \\ \tilde{A}_5^0\begin{pmatrix} l_5 \\ u_{5l}\end{pmatrix} \\ 0 \\ 1\end{pmatrix}$$

当 $j=8,\cdots 7+n, p_j=q_{3k}, k=j-7=1,2\cdots n$ 时，有

$$J_j=\frac{\partial p_e}{\partial p_j}=\frac{\partial p_e}{\partial q_{3k}}=\begin{pmatrix} A_3^0\begin{pmatrix}0\\ \varphi_{3k}(l)\end{pmatrix} \\ 0 \\ 0 \\ \varphi'_{3k}(l) \\ 0 \end{pmatrix}$$

同理，当 $j=8+n,\cdots,m, p_j=q_{5k}, k=j-n-7=1,2,\cdots,n$ 时，有

$$J_j=\frac{\partial p_e}{\partial p_j}=\frac{\partial p_e}{\partial q_{5k}}=\begin{pmatrix} 0 \\ 0 \\ A_5^0\begin{pmatrix}0\\ \varphi_{5k}(l)\end{pmatrix} \\ 0 \\ \varphi'_{5k}(l) \end{pmatrix}$$

将广义坐标分块为 $p=(p_b^{\mathrm{T}}, p_\theta^{\mathrm{T}}, p_p^{\mathrm{T}})^{\mathrm{T}}$，其中，$p_b=(x_1, y_1, \theta_1)^{\mathrm{T}}$、$p_\theta=(\theta_2, \theta_3, \theta_4, \theta_5)^{\mathrm{T}}$、$p_p=(Q_3^{\mathrm{T}}, Q_5^{\mathrm{T}})^{\mathrm{T}}$ 分别为描述本体、关节角和柔性变形的坐标向量，则有

$$\dot{p}_e=J\dot{p}=J_{eb}\dot{p}_b+J_{e\theta}\dot{p}_\theta+J_{ep}\dot{p}_p \tag{5-2}$$

其中，$J_{eb}=[J_1, J_2, J_3]$，$J_{e\theta}=[J_4, J_5, J_6, J_7]$，$J_{ep}=[J_8, J_9, \cdots, J_m]$。

### 5.1.2　系统广义雅可比矩阵

定义系统的广义动量为 $\pi=M\dot{p}$，则系统初始动量为零，且不受外力作用时，有

$$M\dot{p}=0$$

上式的相应分块形式为

$$\begin{bmatrix} M_{bb} & M_{b\theta} & M_{bp} \\ M_{\theta b} & M_{\theta\theta} & M_{\theta p} \\ M_{pb} & M_{p\theta} & M_{pp} \end{bmatrix}\begin{pmatrix}\dot{p}_b\\ \dot{p}_\theta\\ \dot{p}_p\end{pmatrix}=0$$

展开上部有

$$
\begin{aligned}
&M_{bb}\dot{p}_b+M_{b\theta}\dot{p}_\theta+M_{bp}\dot{p}_p=0 \\
&\dot{p}_b=M_{bb}^{-1}(-M_{b\theta}\dot{p}_\theta-M_{bp}\dot{p}_p)=J_{b\theta}\dot{p}_\theta+J_{bp}\dot{p}_p
\end{aligned}
\tag{5-3}
$$

其中，

$J_{b\theta}=-M_{bb}^{-1}M_{b\theta}$，

$J_{bp}=-M_{bb}^{-1}M_{bp}$，

$$M_{bb}=\begin{bmatrix}\sum_{i=1}^{5}mtt_i & \sum_{i=1}^{5}mtb_i \\ \text{对称} & \sum_{i=1}^{5}mbb_i\end{bmatrix},$$

$$M_{b\theta}=\begin{bmatrix}\sum_{i=2}^{3}mtr_i & mtf_3 & \sum_{i=4}^{5}mtr_i & mtf_5 \\ \sum_{i=2}^{3}mbr_i & mbf_3 & \sum_{i=4}^{5}mbr_i & mbf_5\end{bmatrix},$$

$$M_{bp}=\begin{bmatrix}mte_3 & mte_5 \\ mbe_3 & mbe_5\end{bmatrix}。$$

将式(5-3)代入式(5-2)，消去$\dot{p}_b$可得

$$\dot{p}_e=J_{g\theta}\dot{p}_\theta+J_{gp}\dot{p}_p=J_g\begin{bmatrix}\dot{p}_\theta \\ \dot{p}_p\end{bmatrix} \tag{5-4}$$

其中，$J_{g\theta}=J_{eb}J_{b\theta}+J_{e\theta}$，$J_{gp}=J_{eb}J_{bp}+J_{ep}$，而 $J_g=[J_{g\theta},J_{gp}]$就是系统的广义雅可比矩阵。

将不考虑臂杆柔性时的机器人系统称为对等刚性机器人系统，在运动学分析和运动规划中可能用到对等刚性系统的运动学方程，因此下面将讨论对等刚性系统的雅可比及广义雅可比矩阵，并用“－”记号表示在对等刚性系统中的相应量。

### 5.1.3 对等刚性系统雅可比矩阵

定义对等刚性系统的广义坐标为 $\bar{p}=(x_1,y_1,\theta_1,\theta_2,\theta_3,\theta_4,\theta_5)^{\mathrm{T}}$，则

$$\begin{pmatrix} x_{e3} \\ y_{e3} \end{pmatrix} = R_{01} + A_1^0 R_{12} + A_2^0 R_{23} + A_3^0 \begin{pmatrix} l_3 \\ 0 \end{pmatrix}$$

$$\begin{pmatrix} x_{e5} \\ y_{e5} \end{pmatrix} = R_{01} + A_1^0 R_{14} + A_4^0 R_{45} + A_5^0 \begin{pmatrix} l_5 \\ 0 \end{pmatrix}$$

$$\theta_{e3} = \alpha + \theta_1 + \theta_2 + \theta_3$$

$$\theta_{e5} = \pi - \alpha + \theta_1 + \theta_4 + \theta_5$$

因此有

$$p_e = \bar{f}(\bar{p}) = \begin{pmatrix} \begin{pmatrix} x_1 \\ y_1 \end{pmatrix} + A_1^0 R_{12} + A_2^0 R_{23} + A_3^0 \begin{pmatrix} l_3 \\ 0 \end{pmatrix} \\ \begin{pmatrix} x_1 \\ y_1 \end{pmatrix} + A_1^0 R_{14} + A_4^0 R_{45} + A_5^0 \begin{pmatrix} l_5 \\ 0 \end{pmatrix} \\ \alpha + \theta_1 + \theta_2 + \theta_3 \\ \pi - \alpha + \theta_1 + \theta_4 + \theta_5 \end{pmatrix}$$

对上式求导可得 $\dot{p}_e = \bar{J}\dot{\bar{p}}$，其中，

$$\bar{J} = \begin{pmatrix} \begin{matrix} 1 & 0 \\ 0 & 1 \end{matrix} & \tilde{A}_1^0 R_{12} + \tilde{A}_2^0 R_{23} + \tilde{A}_3^0 \begin{pmatrix} l_3 \\ 0 \end{pmatrix} & \tilde{A}_2^0 R_{23} + \tilde{A}_3^0 \begin{pmatrix} l_3 \\ 0 \end{pmatrix} & \tilde{A}_3^0 \begin{pmatrix} l_3 \\ 0 \end{pmatrix} & \begin{matrix} 0 \\ 0 \end{matrix} & \begin{matrix} 0 \\ 0 \end{matrix} \\ \begin{matrix} 1 & 0 \\ 0 & 1 \end{matrix} & \tilde{A}_1^0 R_{14} + \tilde{A}_4^0 R_{45} + \tilde{A}_5^0 \begin{pmatrix} l_5 \\ 0 \end{pmatrix} & \begin{matrix} 0 \\ 0 \end{matrix} & \begin{matrix} 0 \\ 0 \end{matrix} & \tilde{A}_4^0 R_{45} + \tilde{A}_5^0 \begin{pmatrix} l_5 \\ 0 \end{pmatrix} & \tilde{A}_5^0 \begin{pmatrix} l_5 \\ 0 \end{pmatrix} \\ \begin{matrix} 0 & 0 \end{matrix} & 1 & 1 & 1 & 0 & 0 \\ \begin{matrix} 0 & 0 \end{matrix} & 1 & 0 & 0 & 1 & 1 \end{pmatrix}$$

即为对等刚性系统的雅可比矩阵。

将广义坐标分块为 $\bar{p} = (p_b^{\mathrm{T}}, p_\theta^{\mathrm{T}})^{\mathrm{T}}$，其中，$p_b = (x_1, y_1, \theta_1)^{\mathrm{T}}$，$p_\theta = (\theta_2, \theta_3, \theta_4, \theta_5)^{\mathrm{T}}$ 分别为描述本体和关节角的坐标向量，则有

$$\dot{p}_e = \bar{J}\dot{\bar{p}} = \bar{J}_{eb}\dot{p}_b + \bar{J}_{e\theta}\dot{p}_\theta \tag{5-5}$$

其中，$\bar{J}_{eb} = [\bar{J}_1, \bar{J}_2, \bar{J}_3]$，$\bar{J}_{e\theta} = [\bar{J}_4, \bar{J}_5, \bar{J}_6, \bar{J}_7]$，$\bar{J}_i$ 为 $\bar{J}$ 的第 $i$ 列。

### 5.1.4 对等刚性系统质量矩阵

根据已有的系统质量矩阵，取出对应部分并令其中柔性变量为零，可得对等刚性系统质量矩阵为

$$\overline{M}=\begin{bmatrix}\sum_{i=1}^{5}\bar{m}tt_i & \sum_{i=1}^{5}\bar{m}tb_i & \sum_{i=2}^{3}\bar{m}tr_i & \bar{m}tf_3 & \sum_{i=4}^{5}\bar{m}tr_i & \bar{m}tf_5\\ & \sum_{i=1}^{5}\bar{m}bb_i & \sum_{i=2}^{3}\bar{m}br_i & \bar{m}bf_3 & \sum_{i=4}^{5}\bar{m}br_i & \bar{m}bf_5\\ & & \sum_{i=2}^{3}\bar{m}rr_i & \bar{m}rf_3 & 0 & 0\\ & \text{对} & & \bar{m}ff_3 & 0 & 0\\ & & \text{称} & & \sum_{i=4}^{5}\bar{m}rr_i & \bar{m}rf_5\\ & & & & & \bar{m}ff_5\end{bmatrix} \tag{5-6}$$

其中，$\bar{m}tt_1=m_1I$（$I$ 为二阶单位阵），$\bar{m}tb_1=0_{2\times 1}$，$\bar{m}bb_1=I_1$，当 $i=2,4$ 时有：

$\bar{m}tt_i=m_iI$ （此处 $I$ 为二阶单位阵），

$\bar{m}tb_i=m_i(\tilde{A}_1^0R_{1i}+\tilde{A}_i^0C_{ii})$，

$\bar{m}tr_i=m_i\tilde{A}_i^0C_{ii}$，

$\bar{m}bb_i=m_i(l_1^2+2R_{1i}^{\mathrm{T}}A_i^1C_{ii}+c_i^2)+I_i$，

$\bar{m}br_i=m_i(R_{1i}^{\mathrm{T}}A_i^1C_{ii}+c_i^2)$，

$\bar{m}rr_i=m_ic_i^2+I_i$。

而当 $i=3,5$ 时有：

$\bar{m}tt_i=m_iI$ （此处 $I$ 为二阶单位阵），

$\bar{m}tb_i=m_i(\tilde{A}_1^0R_{1(i-1)}+\tilde{A}_{(i-1)}^0R_{(i-1)i}+\tilde{A}_i^0C_{ii})$，

$\bar{m}tr_i=m_i(\tilde{A}_{(i-1)}^0R_{(i-1)i}+\tilde{A}_i^0C_{ii})$，

$\bar{m}tf_i=m_i\tilde{A}_i^0C_{ii}$，

$$\bar{m}bb_i=m_i(l_1^2+l_{i-1}^2+2R_{1(i-1)}^{\mathrm{T}}A_{i-1}^1R_{(i-1)i}+2R_{1(i-1)}^{\mathrm{T}}A_i^1C_{ii}+2R_{(i-1)i}^{\mathrm{T}}A_i^{i-1}C_{ii}+c_i^2)+I_i,$$

$$\bar{m}br_i=m_i(l_{i-1}^2+R_{1(i-1)}^{\mathrm{T}}A_{i-1}^1R_{(i-1)i}+R_{1(i-1)}^{\mathrm{T}}A_i^1C_{ii}+2R_{(i-1)i}^{\mathrm{T}}A_i^{i-1}C_{ii}+c_i^2)+I_i,$$

$\bar{m}bf_i=m_i(R_{1(i-1)}^{\mathrm{T}}A_i^1C_{ii}+R_{(i-1)i}^{\mathrm{T}}A_i^{i-1}C_{ii}+c_i^2)+I_i$，

$\bar{m}rr_i=m_i(l_{i-1}^2+2R_{(i-1)i}^{\mathrm{T}}A_i^{i-1}C_{ii}+c_i^2)+I_i$，

$\bar{m}rf_i=m_i(l_{i-1}^2+2R_{(i-1)i}^{\mathrm{T}}A_i^{i-1}C_{ii})$，

$\bar{m}ff_i = m_i c_i^2 + I_i$。

### 5.1.5 对等刚性系统广义雅可比矩阵

定义对等刚性系统的广义动量为 $\pi = \bar{M}\dot{p}$。则系统初始动量为零，且不受外力作用时有

$$M\dot{p} = 0$$

上式的分块形式为

$$\begin{bmatrix} \bar{M}_{bb} & \bar{M}_{b\theta} \\ \bar{M}_{\theta b} & \bar{M}_{\theta\theta} \end{bmatrix} \begin{pmatrix} \dot{p}_b \\ \dot{p}_\theta \end{pmatrix} = 0$$

展开上部有

$$\begin{aligned} &\bar{M}_{bb}\dot{p}_b + \bar{M}_{b\theta}\dot{p}_\theta = 0 \\ &\dot{p}_b = -\bar{M}_{bb}^{-1}\bar{M}_{b\theta}\dot{p}_\theta = \bar{J}_{b\theta}\dot{p}_\theta \end{aligned} \tag{5-7}$$

这就是对等刚性系统的动量守恒约束，其中，

$\bar{J}_{b\theta} = -\bar{M}_{bb}^{-1}\bar{M}_{b\theta}$，

$$\bar{M}_{bb} = \begin{pmatrix} \sum_{i=1}^{5} \bar{m}tt_i & \sum_{i=1}^{5} \bar{m}tb_i \\ \text{对称} & \sum_{i=1}^{5} \bar{m}bb_i \end{pmatrix},$$

$$\bar{M}_{b\theta} = \begin{pmatrix} \sum_{i=2}^{3} \bar{m}tr_i & \bar{m}tf_3 & \sum_{i=4}^{5} \bar{m}tr_i & \bar{m}tf_5 \\ \sum_{i=2}^{3} \bar{m}br_i & \bar{m}bf_3 & \sum_{i=4}^{5} \bar{m}br_i & \bar{m}bf_5 \end{pmatrix}。$$

将式(5-7)代入式(5-6)，消去 $\dot{p}_b$ 可得

$$\dot{p}_e = \bar{J}_{eb}\bar{J}_{b\theta}\dot{p}_\theta + \bar{J}_{e\theta}\dot{p}_\theta = \bar{J}_g\dot{p}_\theta \tag{5-8}$$

其中，$\bar{J}_g = \bar{J}_{eb}\bar{J}_{b\theta} + \bar{J}_{e\theta}$ 即为对等刚性系统的广义雅可比矩阵。

## 5.2 空间机器人工作空间

机器人工作空间的大小代表了机器人末端的活动范围，它是衡量机器人

工作能力的一个重要的运动学指标。在机器人的设计、控制及应用过程中，工作空间都是一个需要考虑的重要问题。

空间机器人工作空间有如下几类[1]。

(1) 可达工作空间(reachable workspace) 指空间机器人的操作臂所能到达的所有点的集合。

(2) 保证工作空间(guaranteed workspace) 在可达工作空间边缘，当某一操作臂到达某一点时，其他操作臂也必须同时到达相应的位置，也就是某一操作臂所能到达的位置和其他操作臂的位置是相关的。去除这样的点，保证工作空间是指所有可以被某一个操作臂末端达到，且与其他操作臂位置无关的点的集合。

(3) 路径无关工作空间(path independent workspace) 由于系统的非完整性，操作臂末端所到达的位置往往和它所经过的路径有关，因此工作空间中某些位置只有选择特定的路径时才能到达。路径无关工作空间是指仅由最终关节位置决定，与所经过路径无关的位置集合。使空间机器人工作在路径无关工作空间中，其运动控制问题就可以得到简化。实际上路径无关工作空间就是系统的所有非奇异点的集合。

(4) 路径相关工作空间(path dependent workspace) 相对于路径无关工作空间，路径相关工作空间是系统的所有奇异点的集合。

在上述几类工作空间中，路径无关工作空间具有特殊的性质，求解意义重大。但由于广义雅可比矩阵的奇异点难以直接求解，因此路径无关工作空间的求解也非常困难，是空间机器人研究中的一个难点和热点问题。本节以图 3-1 所示柔性双臂空间机器人为例，讨论空间机器人的工作空间问题，求解对等刚性系统的可达工作空间及路径无关工作空间。并介绍一种把柔性变形当成扰动，修正对等刚性系统工作空间以获得柔性系统工作空间的近似方法。此外，还将讨论对称性简化条件下的系统工作空间。

### 5.2.1 对等刚性系统工作空间分析

对等刚性空间机器人系统如图 5-1 所示，臂杆之间有如下几何关系。

$$\rho_2-\rho_1=r_1-l_2 \tag{5-9}$$

$$\rho_3-\rho_2=r_2-l_3 \tag{5-10}$$

$$\rho_4-\rho_1=r_1'-l_4 \qquad (5-11)$$

$$\rho_5-\rho_4=r_4-l_5 \qquad (5-12)$$

式中，$l_i$、$r_i$ 分别是 $i$ 杆质心到该杆前端和后端的向量，$\rho_i$ 为系统质心到 $i$ 杆质心的向量，$r_1'$ 指 $r_1$ 关于 $\rho_1$ 的对称向量。

此外，系统的质心关系式为

$$m_1\rho_1+m_2\rho_2+m_3\rho_3+m_4\rho_4+m_5\rho_5=0 \qquad (5-13)$$

通过式(5－9)～式(5－13)可以根据质心坐标解出 $\rho_i(i=1,\cdots,5)$。而操作臂末端可以表示为

$$P_i=\rho_i+r_i \quad (i=3,5) \qquad (5-14)$$

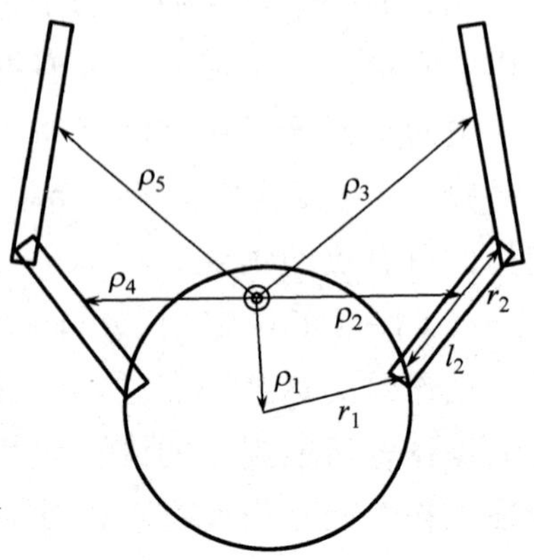


图 5－1　对等刚性机器人臂杆几何关系

因为从系统的质心到每一个操作臂末端的距离都是相对于质心中心对称的，所以系统的可达工作空间是一个圆环，而且圆环的内外半径分别是

$$R_{\min}=\min_{p}\|P_i\| \quad (i=3,5) \qquad (5-15)$$

$$R_{\max}=\max_{p}\|P_i\| \quad (i=3,5) \qquad (5-16)$$

对于本系统，通过式(5－9)～式(5－13)可解得

$$\rho_5=\frac{1}{M}[-(m_2+m_3)r_1-m_3r_2+(m_1+m_2+m_3+m_4)r_4+(m_2+m_3)l_2+m_3l_3-(m_1+m_2+m_3+m_4)l_5-(m_1+m_2+m_3)l_4+(m_1+m_2+m_4)r_1'] \qquad (5-17)$$

由式(5－14)有

$$P_5=\frac{1}{M}[-(m_2+m_3)r_1-m_3r_2+Mr_5+(m_1+m_2+m_3+m_4)r_4+(m_2+m_3)l_2+m_3l_3-(m_1+m_2+m_3+m_4)l_5-(m_1+m_2+m_3)l_4+(m_1+m_2+m_4)r_1'] \qquad (5-18)$$

因此有

$$R_{\max}=\max(\|P_5\|) \qquad (5-19)$$

当给定 $m_i$，$r_i$，$l_i$的数值时，$R_{\min}$也同理可得。对于本系统，当给定物理参数如表 5－1 所示时($\alpha=45°$)，可以算出机器人的可达工作空间为 $R_{\max}=120.8$ cm，$R_{\min}=6.24$ cm，如图 5－2 所示。

**表 5-1 物理参数表**

| 杆号($i$) | 1 | 2 | 3 | 4 | 5 |
|---|---|---|---|---|---|
| $m_i$(kg) | 40 | 6 | 6 | 6 | 6 |
| $r_i$(cm) | 25 | 16.6 | 33.3 | 16.6 | 33.3 |
| $l_i$(cm) | 25 | 16.6 | 33.3 | 16.6 | 33.3 |

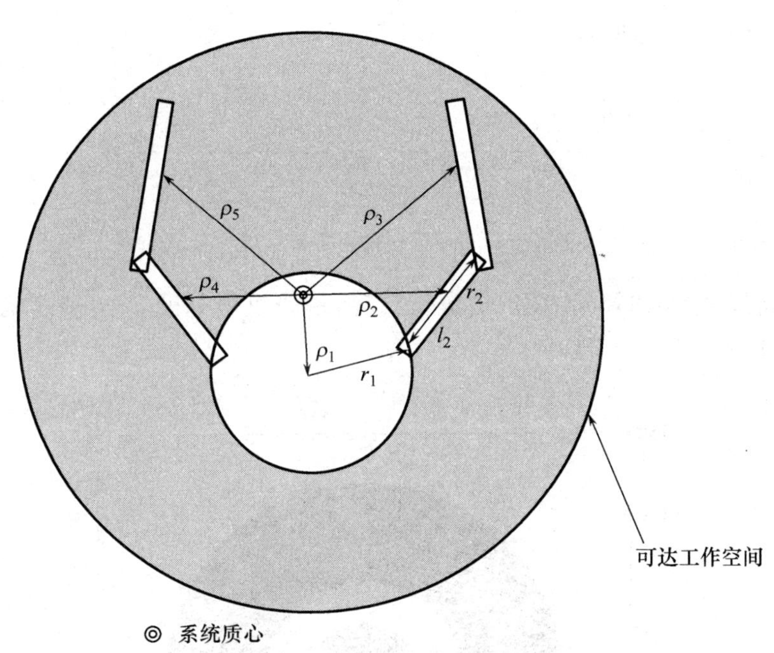


图 5-2 对等刚性机器人可达工作空间

对于路径无关工作空间和路径相关工作空间，理论上可以通过求解 $\det[\overline{J}_g(p)]=0$ 得到奇异点集合，这些奇异点组成系统的路径相关工作空间。而在其间的部分就是系统的路径无关工作空间。由于直接用雅可比矩阵求解，得到的方程极为复杂，无法求得解析解。所以本节给出一种数值求解方法。

首先给定 $\theta_1$(例如 $\theta_1=\pi$)，让 $\theta_i(i=2,3,4,5)$以一定的步长从 0 到 $2\pi$ 取值，可得到如图 5-3 所示的位置点图。图中是位置点形成的 7 个不完整的同心圆，当 $\theta_i$ 取值点增多的时候，圆上的点也对应增加。因此可以推论：当 $\theta_i$ 连续取值时，将得到 7 个完整的同心圆(见图 5-4)。

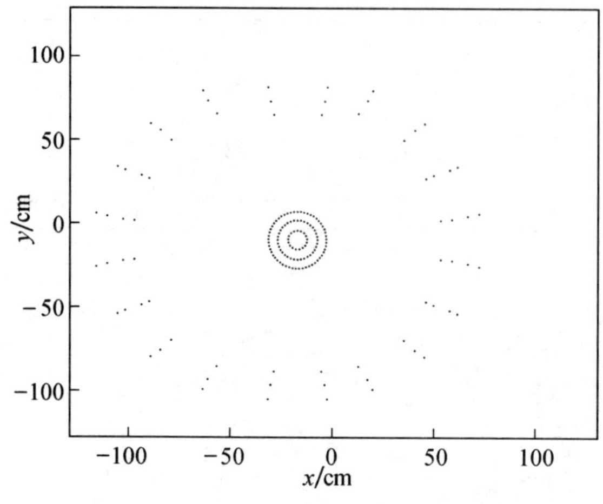


图 5-3　$\theta_1=\pi$ 时的奇异点(20 点)

对 $\theta_i(i=2,3,4,5)$ 连续取值进行计算，最终可得如图 5-4 所示的系统工作空间图。

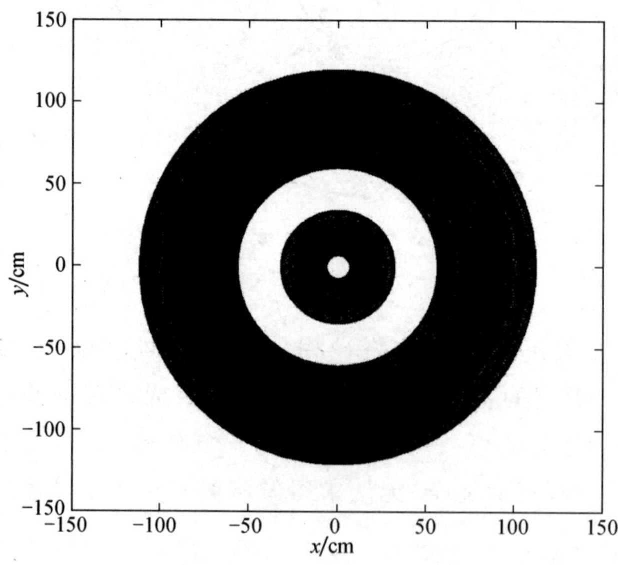


图 5-4　空间刚性双臂机器人系统的路径无关工作空间

图中深色的部分为路径相关工作空间，最大圆与最小圆之间为可达工作空间，而中间的白色圆环部分即是路径无关工作空间。外面的深色圆环的最大半径正好是 120.8 cm，而且里面深色圆环的最小半径也正好是 6.24 cm，这就验证了本节方法计算得到的可达工作空间的正确性。

### 5.2.2 柔性臂空间机器人工作空间分析

从理论上来说，仍然可以根据定义即雅可比行列式为零来求得路径无关工作空间，但柔性臂空间机器人雅可比矩阵比刚性空间机器人的还要复杂很多，无法解析求解。而且由于柔性杆末端变形无法设定，因此也无法采用如上节所示对广义坐标量进行遍历的数值方法求解。

因此，本节介绍一种近似的方法。其主导思想是把柔性给系统带来的变化作为一种扰动，对刚性空间机器人工作空间进行修正，从而得到所需要的柔性机器人的路径无关工作空间。

如图 5－5 所示，转角为 $\theta_3$ 的柔性臂 ACB 在弯曲状态下可以用转角为$\theta_3'$的刚性臂 ADB 来近似，这样的近似不会影响末端点的位置。而且由于柔性臂的弯曲程度一般不大，刚性臂 ADB 的长度近似等于原柔性臂的长度。

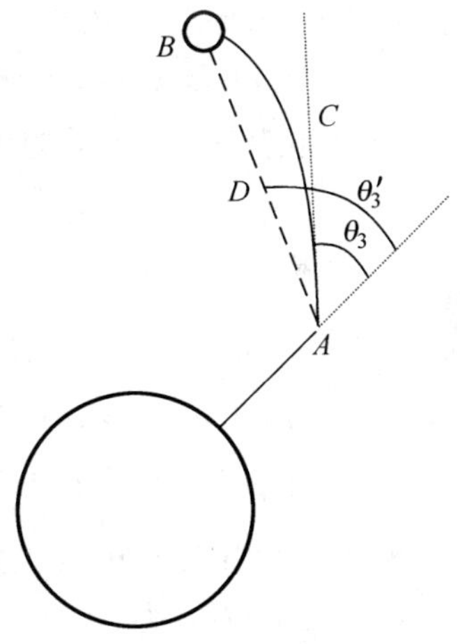

图 5－5 柔性臂近似示意

考虑柔性情况下的路径无关工作空间和刚性时的区别。可以认为，刚性只是柔性的一种特殊情况，即刚好没有弯曲变形的情况。因此，柔性臂的路径无关工作空间就应该是刚性的一个子集，换句话说，也就是刚性臂奇异的点，柔性臂也奇异，而刚性臂不奇异的点，柔性臂也有可能奇异。而产生更多奇异点的原因就是柔性变形导致的末端偏移，如果附加考虑末端偏移形成的新的奇异点，就可得到柔性臂空间机器人的路径无关工作空间。

由于因柔性变形而产生的偏移 $\tan(\theta_3'-\theta_3)$是一个小量，所以只需要把刚性系统路径无关工作空间边缘上的每个点替换成由于柔性变形而变成的一个操作臂末端能到达的区域，将生成的区域从刚性空间机器人的路径无关空间中去除，就得到了柔性空间机器人的路径无关空间。

而对于可达工作空间，设 $r_f=\max(\tan(\theta_3'-\theta_3))$是最大柔性弯曲度，可计算为

$$R_{f\max}=R_{\max}+r_f \tag{5-20}$$

$$R_{f\min}=R_{\min}-r_f \tag{5-21}$$

### 5.2.3 对称运动工作空间分析

当双臂空间机器人的双臂做对称运动的时候，机器人不发生转动，系统的角动量自动守恒。这样机器人系统的动量守恒方程式成为可积的微分方程，机器人工作空间中将不会出现动力学奇异点，机器人系统的可达工作空间就是它的路径无关工作空间。由上容易知道，由于机器人的双臂要保持对称运动，所以它的可达工作空间肯定要小于没有对称性运动限制时的可达工作空间。

将对称性条件代入式(5-18)得

$$\begin{aligned}x_5=\frac{1}{M}[&-(m_2+m_3)r_1c_1+(m_1+m_2+m_4)r_1c_{-1}-(m_3r_2+m_2l_2+m_3l_2)c_{12}-\\&(m_1r_4+m_2r_4+m_3r_4+m_4r_4+m_1l_4+m_2l_4+m_3l_4)c_{-12}-m_3l_3c_{123}-\\&(Mr_5+m_1l_5+m_2l_5+m_3l_5+m_4l_5)c_{-123}]\end{aligned} \tag{5-22}$$

当采用表 5-1 所示的参数，且 $\alpha=45°$时有

$$R_{\max对称}=\sqrt{a_1^2+a_2^2}+\sqrt{a_3^2+a_4^2}+\sqrt{a_5^2+a_6^2}=113.49\text{ cm}$$

其中：

$a_1=-(m_2+m_3)r_1/M$,

$a_2=(m_1+m_2+m_4)r_1/M$,

$a_3=-(m_3r_2+m_2l_2+m_3l_2)/M$,

$a_4=-(m_1r_4+m_2r_4+m_3r_4+m_4r_4+m_1l_4+m_2l_4+m_3l_4)/M$,

$a_5=-m_3l_3/M$,

$a_6=-(Mr_5+m_1l_5+m_2l_5+m_3l_5+m_4l_5)/M$。

## 参考文献

[1] Papadopoulos E. Large payload manipulation by space robots. Proc IEEE Int Conf Intelligent Robots and Systems, 1993, 7:26-30.

# 第 6 章　柔性双臂空间机器人轨迹规划

机器人运动规划是指给定起始点和目标点(或目标物体),规划出机器人安全地从起始点到目标点(或拦截目标物体)的轨迹。运动规划技术是智能机器人领域的核心问题之一,在水下机器人、室内移动机器人、智能汽车和自由飞行/飘浮空间机器人等各种类型的自主式机器人研究中,都得到了广泛的重视,相关的研究成果也往往具有共通性。

本章介绍的轨迹规划系统将几何规划与时间规划分开处理,即首先在纯几何条件约束下解决路径规划问题,此时一般不考虑机器人的运动学特性;再解决时间参数化问题,将时间信息加入几何路径,根据机器人运动学和动力学特性及要求计算经过轨迹上每一点的时间。

本章以一个柔性双臂空间机器人系统捕捉目标操作任务的轨迹规划问题为例,分别介绍基座的点到点运动规划、关节运动规划及系统的非完整运动规划算法,并给出一些仿真实例。

## 6.1　时间参数化算法

时间参数化是指已知运动的几何路径,在满足速度、加速度及其他约束的前提下,通过确定各关节运动的时间序列,即各关节在所有路径点上的速度及加速度值,得到运动轨迹。简单地说,就是已知路径求轨迹。设 $x$ 为机器人的广义坐标向量,若仅考虑最大速度与加速度约束,时间参数化问题可以表示如下:

已知 $x=f(s),s\in[s_0,s_f]$,求 $s=s(t)$。

$$\text{s.t.}\quad \left|\frac{\mathrm{d}s}{\mathrm{d}t}\right|\leqslant \dot{s}_{\max}(s),\ \left|\frac{\mathrm{d}^2 s}{\mathrm{d}t^2}\right|\leqslant \alpha_{\max}(s,\dot{s}) \tag{6-1}$$

其中，$s$ 指描述路径的参数向量，$s_0$、$s_f$ 分别代表路径的起始和终止点，$\dot{s}_{\max}$、$\alpha_{\max}$则分别指速度与加速度上限。

时间参数化算法主要有两类。一类通过分段调整在各相邻路径点之间的运动时间，以满足动力学限制[1,2]。该方法要保证 $s=s(t)$的一阶导数连续，在调整某一段的运动时间时，对整条路径的时间分布都会造成影响，需要通过迭代求解，并且不能保证所得解是最优的。另一类则通过在$\dot{s}-s$ 相平面上进行搜索，求得$\dot{s}(s)$，从而确定 $s=s(t)$[3]。该算法可以不需要反复迭代，并且在理论上可以获得最优解。本节主要介绍相平面搜索法。

相平面搜索算法的主要思路是在满足限制条件：(i)不得超过指定的速率值上限；(ii)每点斜率不得超过最大-最小斜率范围的前提下，在$\dot{s}-s$ 相空间中搜索出使每点的速率值 $\mathrm{d}s/\mathrm{d}t$ 达到最大的轨迹。将相平面搜索算法实际应用并进行离散的数值计算时，需要克服以下问题。

(1) 理论上每个路径点处的斜率值范围可利用下式计算得到。

$$\mathrm{d}\dot{s}/\mathrm{d}s=\frac{\mathrm{d}\dot{s}/\mathrm{d}t}{\mathrm{d}s/\mathrm{d}t}=\ddot{s}/\dot{s} \tag{6-2}$$

并由此可以根据 $s$ 点对应的速率值计算出相邻点的最大可能速率。但当 $\mathrm{d}s/\mathrm{d}t\to 0$ 时(如在机器人启动与停止时)，由于 $\ddot{s}$ 有界，$\mathrm{d}\dot{s}/\mathrm{d}s\to\infty$，这使得基于导数值的数值算法失效。

(2) 由$\dot{s}(s)$反解 $s(t)$的过程在理论上是 $1/\dot{s}(s)$对 $s$ 积分的过程，但当 $\mathrm{d}s/\mathrm{d}t\to 0$ 时，$1/\dot{s}(s)\to\infty$，数值积分无法进行。

(3) 在计算过程中，如果在某路径点处出现 $\alpha_{\min}(s,\dot{s})$与 $\alpha_{\max}(s,\dot{s})$同号的情况，将可能造成数值计算的不稳定，甚至会得到错误的结果。

问题(1)、(2)实际是由于在计算中对数据进行离散化的结果，可根据特定的问题设计新的数值算法。而对于问题(3)，其出现的原因如下：

对于机器人的某个广义坐标 $x^i$，有

$$\frac{\mathrm{d}^2x^i}{\mathrm{d}t^2}=\frac{\mathrm{d}^2x^i}{\mathrm{d}s^2}\left(\frac{\mathrm{d}s}{\mathrm{d}t}\right)^2+\frac{\mathrm{d}x^i}{\mathrm{d}s}\frac{\mathrm{d}^2s}{\mathrm{d}t^2}\Rightarrow\frac{\mathrm{d}^2s}{\mathrm{d}t^2}=\frac{\dfrac{\mathrm{d}^2x^i}{\mathrm{d}t^2}-\dfrac{\mathrm{d}^2x^i}{\mathrm{d}s^2}\left(\dfrac{\mathrm{d}s}{\mathrm{d}t}\right)^2}{\dfrac{\mathrm{d}x^i}{\mathrm{d}s}}\Rightarrow$$

$$\begin{cases} \ddot{s} \geqslant \min\left( \dfrac{|\ddot{x}^i|_{\max} - \dfrac{d^2 x^i}{ds^2}\dot{s}^2}{\dfrac{dx^i}{ds}}, \dfrac{-|\ddot{x}^i|_{\max} - \dfrac{d^2 x^i}{ds^2}\dot{s}^2}{\dfrac{dx^i}{ds}} \right) \\ \ddot{s} \leqslant \max\left( \dfrac{|\ddot{x}^i|_{\max} - \dfrac{d^2 x^i}{ds^2}\dot{s}^2}{\dfrac{dx^i}{ds}}, \dfrac{-|\ddot{x}^i|_{\max} - \dfrac{d^2 x^i}{ds^2}\dot{s}^2}{\dfrac{dx^i}{ds}} \right) \end{cases} \tag{6-3}$$

当$|\ddot{x}^i|_{\max} < \dfrac{d^2 x^i}{ds^2}\dot{s}^2$时，$\alpha_{\min}(s,\dot{s})$和$\alpha_{\max}(s,\dot{s})$就可能同号。

根据以上的分析，可对原有算法进行如下改进。

(1) 在计算$\dot{s}_{\max}(s)$时，增加如下限制条件：

$$\forall i, \dot{s}_{\max}(s) \leqslant \sqrt{\frac{|\ddot{x}^i|_{\max}}{\dfrac{d^2 x^i}{ds^2}}} - \varepsilon \quad (\varepsilon \text{为一充分小的正数}) \tag{6-4}$$

这就防止了出现$\alpha_{\min}(s,\dot{s})$和$\alpha_{\max}(s,\dot{s})$同号的情况。

(2) 根据相平面上的已知点，改由下式计算相邻点的最大可能速度(以向前积分为例)。

$$\dot{s}(s_{i+1}) = \min\left(\dot{s}_{\max}(s_{i+1}), \sqrt{[\dot{s}(s_i)]^2 + 2\alpha_{\max}(s_i, \dot{s}(s_i))(s_{i+1} - s_i)}\right) \tag{6-5}$$

即利用匀加速运动来近似$s$从$s_i$到$s_{i+1}$的变化情况。

(3) 在由相平面上各取样点的值$\dot{s}(s_i)$求解各点时间参数$t(s_i)$时，使用下式进行递推。

$$\begin{cases} t(s_0) = t_0 \\ t(s_{i+1}) - t(s_i) = \dfrac{2(s_{i+1} - s_i)}{\dot{s}(s_i) + \dot{s}(s_{i+1})} \end{cases} \tag{6-6}$$

至此，求解$\dot{s}(s)$的算法可以描述如下：

第一步：在$[s_0, s_f]$上均匀取样$N$个点，得点集$H = \{s_0, s_1, \cdots, s_{N-1}\}$，$s_{N-1} = s_f$；$l \leftarrow 0, r \leftarrow N-1, \dot{s}_l \leftarrow s_0, \dot{s}(s_l) \leftarrow \dot{s}_0, s_r \leftarrow s_f, \dot{s}(s_r) \leftarrow \dot{s}_f$；

第二步：

$i_1 \leftarrow l, i_2 \leftarrow r$;

$H' = \{s_i \mid l \leqslant i \leqslant r\}$;

$s_d = \min_{s \in H'}\{\dot{s}_{\max}(s)\}$;

While $(i_1 + 1 < i_2) \wedge [(\dot{s}(s_{i_1}) < \dot{s}(s_d)) \vee (\dot{s}(s_{i_2}) < \dot{s}(s_d))]$ Do:

If $(\dot{s}(s_{i_1}) < \dot{s}(s_{i_2}))$

$\dot{s}(s_{i_1+1})=\min(\dot{s}_{\max}(s_{i_1+1}),\sqrt{[\dot{s}(s_{i_1})]^2+2\alpha_{\max}(s_{i_1},\dot{s}(s_{i_1}))(s_{i_1+1}-s_{i_1})})$, $i_1 \leftarrow i_1+1$;

Else

$\dot{s}(s_{i_2-1})=\min(\dot{s}_{\max}(s_{i_2-1}),\sqrt{[\dot{s}(s_{i_2})]^2+2\alpha_{\max}(s_{i_2},\dot{s}(s_{i_2}))(s_{i_2}-s_{i_2-1})})$, $i_2 \leftarrow i_2-1$;

第三步：

If $(i_1<d<i_2)$：

$\dot{s}(s_d)\leftarrow \dot{s}_{\max}(s_d)$;

对以下两个子问题分别递归求解：

(i) $l\leftarrow i_1, r\leftarrow d, s_l\leftarrow s_{i_1}, \dot{s}(s_l)\leftarrow \dot{s}_{i_1}, s_r\leftarrow s_d, \dot{s}(s_r)\leftarrow \dot{s}_d$;

(ii) $l\leftarrow d, r\leftarrow i_2, s_l\leftarrow s_d, \dot{s}(s_l)\leftarrow \dot{s}_d, s_r\leftarrow s_{i_2}, \dot{s}(s_r)\leftarrow \dot{s}_{i_2}$;

Else If $(i_1+1<i_2)$

对以下问题递归求解：

$l\leftarrow i_1, r\leftarrow i_2, s_l\leftarrow s_{i_1}, \dot{s}(s_l)\leftarrow \dot{s}_{i_1}, s_r\leftarrow s_{i_2}, \dot{s}(s_r)\leftarrow \dot{s}_{i_2}$;

END

至此，由上述算法求得$\dot{s}(s)$，由式(6－6)求出各取样点 $s_i$ 对应的时间 $t_i$，可得 $s(t_i)$和$\dot{s}(t_i)$，最后利用分段三次函数插值，即可求得结果轨迹 $s=s(t)$。上述算法是本章各部分轨迹规划的基础，在确定了几何路径及速度、加速度约束之后，都将采用该算法得到最终轨迹，不再赘述。

## 6.2 基座运动轨迹规划

将机器人广义坐标分解为 $p=(p_b^{\mathrm{T}}, p_\theta^{\mathrm{T}}, q^{\mathrm{T}})^{\mathrm{T}}$，其中 $p_b=(x_1, y_1, \theta_1)^{\mathrm{T}}$，$p_\theta=(\theta_2, \theta_3, \theta_4, \theta_5)^{\mathrm{T}}$，$q=(Q_3^{\mathrm{T}}, Q_5^{\mathrm{T}})^{\mathrm{T}}$ 分别为描述本体、关节角和柔性变形的坐标向量。

基座运动轨迹规划指给定机器人基座起始位姿 $p_{b0}=(x_{10}, y_{10}, \theta_{10})^{\mathrm{T}}$ 和目标位姿 $p_{bf}=(x_{1f}, y_{1f}, \theta_{1f})^{\mathrm{T}}$，保持关节角不变，规划出基座运动轨迹 $p_b(t)$。

### 6.2.1 路径规划

路径一般采用距离最短的直线路径，$s$ 取为到起始点的距离，$s_f$ 指目标点到起始点的距离，则有：

$$\begin{cases} x_1(s)=s\cos\beta+x_{10} \\ y_1(s)=s\sin\beta+y_{10}, \quad s\in[0,s_f] \\ \theta_1(s)=k_1 s+\theta_{10} \end{cases} \tag{6-7}$$

$$\beta=\mathrm{atan}\,2(y_{1f}-y_{10},x_{1f}-x_{10}) \tag{6-8}$$

$$s_f=\sqrt{(y_{1f}-y_{10})^2+(x_{1f}-x_{10})^2} \tag{6-9}$$

$$k_1=(\theta_{1f}-\theta_{10})/s_f \tag{6-10}$$

## 6.2.2　动力学约束

由于空间机器人系统的喷气推进装置安装在基座上，因此任一时刻只能对在基座坐标系中表示的量作直接约束。用"－"表示相应量在基座坐标系中的表示，并注意到 $\dot{\theta}_1=\dot{\bar{\theta}}_1$，$\ddot{\theta}_1=\ddot{\bar{\theta}}_1$，则有：

$$|\dot{\bar{x}}_1|\leqslant|V_{m\bar{x}_1}|, \quad |\ddot{\bar{x}}_1|\leqslant|A_{m\bar{x}_1}| \tag{6-11}$$

$$|\dot{\bar{y}}_1|\leqslant|V_{m\bar{y}_1}|, \quad |\ddot{\bar{y}}_1|\leqslant|A_{m\bar{y}_1}| \tag{6-12}$$

$$|\dot{\theta}_1|\leqslant|V_{m\theta_1}|, \quad |\ddot{\theta}_1|\leqslant|A_{m\theta_1}| \tag{6-13}$$

其中，$V$、$A$ 分别指对应量的速度和加速度约束，可根据推进装置的额定功率设定。

为进行路径的时间参数化，需将上述约束转化为对 $\dot{s}$ 和 $\ddot{s}$ 的约束条件，推导如下：

$$\begin{bmatrix}\dot{\bar{x}}_1\\ \dot{\bar{y}}_1\end{bmatrix}=\begin{bmatrix}\cos\theta_1 & \sin\theta_1\\ -\sin\theta_1 & \cos\theta_1\end{bmatrix}\begin{bmatrix}\dot{x}_1\\ \dot{y}_1\end{bmatrix} =\begin{bmatrix}\cos\theta_1 & \sin\theta_1\\ -\sin\theta_1 & \cos\theta_1\end{bmatrix}\begin{bmatrix}\mathrm{d}x_1/\mathrm{d}s\\ \mathrm{d}y_1/\mathrm{d}s\end{bmatrix}\dot{s} \tag{6-14}$$

$$\begin{bmatrix}\ddot{\bar{x}}_1\\ \ddot{\bar{y}}_1\end{bmatrix}=\begin{bmatrix}\cos\theta_1 & \sin\theta_1\\ -\sin\theta_1 & \cos\theta_1\end{bmatrix}\begin{bmatrix}\dot{x}_1\\ \dot{y}_1\end{bmatrix} =\begin{bmatrix}\cos\theta_1 & \sin\theta_1\\ -\sin\theta_1 & \cos\theta_1\end{bmatrix}\begin{bmatrix}\dot{s}^2\mathrm{d}^2x_1/\mathrm{d}s^2+\ddot{s}\,\mathrm{d}x_1/\mathrm{d}s\\ \dot{s}^2\mathrm{d}^2y_1/\mathrm{d}s^2+\ddot{s}\,\mathrm{d}y_1/\mathrm{d}s\end{bmatrix} \tag{6-15}$$

将式(6－7)代入式(6－14)和式(6－15)可得：

$$\begin{bmatrix}\dot{x}_1\\ \dot{y}_1\end{bmatrix}=\begin{bmatrix}\cos\theta_1 & \sin\theta_1\\ -\sin\theta_1 & \cos\theta_1\end{bmatrix}\begin{bmatrix}\cos\beta\\ \sin\beta\end{bmatrix}\dot{s}$$
$$=\begin{bmatrix}\cos(\theta_1(s)-\beta)\\ -\sin(\theta_1(s)-\beta)\end{bmatrix}\dot{s} \tag{6-16}$$

$$\begin{bmatrix}\ddot{x}_1\\ \ddot{y}_1\end{bmatrix}=\begin{bmatrix}\cos\theta_1 & \sin\theta_1\\ -\sin\theta_1 & \cos\theta_1\end{bmatrix}\begin{bmatrix}\cos\beta\\ \sin\beta\end{bmatrix}\ddot{s}$$
$$=\begin{bmatrix}\cos(\theta_1(s)-\beta)\\ -\sin(\theta_1(s)-\beta)\end{bmatrix}\ddot{s} \tag{6-17}$$

且由式(6-7)有

$$\begin{cases}\dot{\theta}_1=k_1\dot{s}\\ \ddot{\theta}_1=k_1\ddot{s}\end{cases} \tag{6-18}$$

由以上各式综合可得 $s(t)$ 应满足的约束条件为

$$|\dot{s}|\leqslant\min\left\{\left|\frac{V_{m\bar{x}_1}}{\cos(\theta_1(s)-\beta)}\right|,\left|\frac{V_{m\bar{y}_1}}{-\sin(\theta_1(s)-\beta)}\right|,\left|\frac{V_{m\bar{\theta}_1}}{k_1}\right|\right\} \tag{6-19}$$

$$|\ddot{s}|\leqslant\min\left\{\left|\frac{A_{m\bar{x}_1}}{\cos(\theta_1(s)-\beta)}\right|,\left|\frac{A_{m\bar{y}_1}}{-\sin(\theta_1(s)-\beta)}\right|,\left|\frac{A_{m\bar{\theta}_1}}{k_1}\right|\right\} \tag{6-20}$$

## 6.3　捕捉目标的关节运动轨迹规划

假定捕捉目标已处在机器人工作空间之内。机器人基座受控，保持位姿不变，且轨迹规划时不考虑柔性臂振动，即 $p_b\equiv p_{b0}, q\equiv 0$。给定机器人基座位姿 $p_0$ 和机械臂末端目标位置 $(x_{e3f}, y_{e3f}, x_{e5f}, y_{e5f})$，规划出关节运动轨迹 $p_\theta(t)$。

### 6.3.1　运动学逆解

为进行关节空间的轨迹规划，需要对期望的笛卡儿空间末端位置进行反解，以确定 $p_{\theta f}$。将式(5-1)展开有

$$\begin{cases}x_{e3}=x_1+l_1\cos(\theta_1+\alpha)+l_2\cos(\theta_1+\theta_2+\alpha)+l_3\cos(\theta_1+\theta_2+\theta_3+\alpha)\\ y_{e3}=y_1+l_1\sin(\theta_1+\alpha)+l_2\sin(\theta_1+\theta_2+\alpha)+l_3\sin(\theta_1+\theta_2+\theta_3+\alpha)\\ x_{e5}=x_1+l_1\cos(\theta_1+\pi-\alpha)+l_4\cos(\theta_1+\theta_4+\pi-\alpha)+l_5\cos(\theta_1+\theta_4+\theta_5+\pi-\alpha)\\ y_{e5}=y_1+l_1\sin(\theta_1+\pi-\alpha)+l_4\sin(\theta_1+\theta_4+\pi-\alpha)+l_5\sin(\theta_1+\theta_4+\theta_5+\pi-\alpha)\end{cases} \tag{6-21}$$

在一般情况下,该方程组的解不唯一。为使解唯一确定,并且防止在运动过程中两臂发生碰撞,作如下设定。

(1) 相对于机器人本体坐标系,右臂末端目标位置始终在左臂末端目标位置右侧,即

$$(x_{e3f}-x_1)\cos\theta_1+(y_{e3f}-y_1)\sin\theta_1\geqslant(x_{e5f}-x_1)\cos\theta_1+(y_{e5f}-y_1)\sin\theta_1 \tag{6-22}$$

若$(x_{e3f},y_{e3f},x_{e5f},y_{e5f})$不满足该式,则将$(x_{e3f},y_{e3f})$与$(x_{e5f},y_{e5f})$互换即可。

(2) 机器人"肘部"始终是向"外"弯曲的,即 $\theta_3\geqslant0,\theta_5\leqslant0$,令

$$\begin{cases} r_3=\sqrt{(x_{e3}-x_1-l_1\cos(\theta_1+\alpha))^2+(y_{e3}-y_1-l_1\sin(\theta_1+\alpha))^2} \\ r_5=\sqrt{(x_{e5}-x_1-l_1\cos(\theta_1+\pi-\alpha))^2+(y_{e5}-y_1-l_1\sin(\theta_1+\pi-\alpha))^2} \end{cases} \tag{6-23}$$

则

$$\begin{cases} \theta_2=\mathrm{atan}\,2(y_{e3}-y_1-l_1\sin(\theta_1+\alpha),x_{e3}-x_1-l_1\cos(\theta_1+\alpha)) \\ \qquad \mp\arccos((r_3^2+l_2^2-l_3^2)/2r_3l_2)-\theta_1-\alpha \\ \theta_3=\pm(\arccos((r_3^2+l_2^2-l_3^2)/2r_3l_2)+\arccos((r_3^2+l_3^2-l_2^2)/2r_3l_3)) \\ \theta_4=\mathrm{atan}\,2(y_{e5}-y_1-l_1\sin(\theta_1+\pi-\alpha),x_{e5}-x_1-l_1\cos(\theta_1+\pi-\alpha)) \\ \qquad \mp\arccos((r_5^2+l_4^2-l_5^2)/2r_5l_4)-\theta_1-\pi+\alpha \\ \theta_5=\pm(\arccos((r_5^2+l_4^2-l_5^2)/2r_5l_4)+\arccos((r_5^2+l_5^2-l_4^2)/2r_5l_5)) \end{cases} \tag{6-24}$$

其中,正负号根据 $\theta_3\geqslant0,\theta_5\leqslant0$ 唯一确定。

将$(x_{e3f},y_{e3f},x_{e5f},y_{e5f})$代入式(6-23)和式(6-24),即可求得 $p_{\dot{\theta}f}$。

### 6.3.2 路径规划与动力学约束

各关节均采用直线路径,$s$ 取为当前角度对总期望角度的比例系数,因此有

$$\theta_i(s)=k_is+\theta_{i0}\quad(s\in[0,1],i=2,3,4,5) \tag{6-25}$$

其中,$k_i=\theta_{if}-\theta_{i0}$,$\theta_{i0}$、$\theta_i(s)$、$\theta_{if}$ 分别指第 $i$ 关节的起始角、当前角及目标角。

根据 $|\dot{\theta}_i| \leqslant |V_{mi}|$，$|\ddot{\theta}_i| \leqslant |A_{mi}|$，易得 $s$ 参数的速度与加速度约束为

$$|\dot{s}| \leqslant \min_i \left|\frac{V_{mi}}{k_i}\right|, \quad |\ddot{s}| \leqslant \min_i \left|\frac{A_{mi}}{k_i}\right| \quad (i=2,3,4,5) \qquad (6-26)$$

## 6.4　综合规划及仿真实例

机器人在初始位姿时，目标物体往往不处于工作空间之中，无法直接在基座位姿保持不变的情况下实施捕捉。因此需要进行综合规划，即将机器人的捕捉运动分阶段进行，首先令机器人移动至某一适于捕捉的位置，再转动手臂关节完成捕捉。前后两阶段运动的轨迹规划分别按 6.2 及 6.3 节的算法实现。

### 6.4.1　综合规划算法

以下介绍先求出划分两个阶段的机器人中间位姿 $p_m$ 的方法。由于 $p_{\theta m} = p_{\theta 0}$，所以确定 $p_{bm}$ 即可。

机器人的两臂是对称的，即 $l_2 = l_4$，$l_3 = l_5$。由第 5 章的工作空间分析可知，当 $|(x_{1m} - (x_{e3f} + x_{e5f})/2), (y_{1m} - (y_{e3f} + y_{e5f})/2)| = R$ 且 $\theta_{1m} = \mathrm{atan}\,2(y_{1m} - (y_{e3f} + y_{e5f})/2, x_{1m} - (x_{e3f} + x_{e5f})/2) - \pi/2$，即机器人基座在以目标物体为中心、以 $R$ 为半径的圆上任一点，且机械臂朝向目标物体时，机器人可捕捉到目标，如图 6-1 所示。

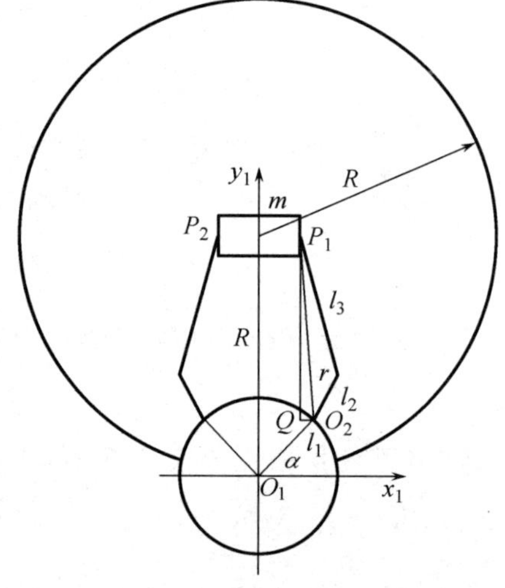


图 6-1　捕捉目标的综合规划

令右肩部 $O_2$ 与抓持点 $P_1$ 的距离为 $r$，有

$$r^2 = l_2^2 + l_3^2 - 2 l_2 l_3 \cos(\pi - \theta_3) \qquad (6-27)$$

显然 $r$ 的极值为：$r_{\max} = l_2 + l_3$，$r_{\min} = l_3 - l_2$。由直角三角形 $P_1QO_2$ 有

$$R = l_1 \sin\alpha + \sqrt{r^2 - \left(\frac{1}{2}m - l_1 \cos\alpha\right)^2}$$

其中,物体宽度 $m=\sqrt{(y_{e5f}-y_{e3f})^2+(x_{e5f}-x_{e3f})^2}$。

因此,$R$ 可在一定范围内取值,如取为

$$R=l_1\sin\alpha+\frac{1}{2}\left(\sqrt{r_{\max}^2-\left(\frac{1}{2}m-l_1\cos\alpha\right)^2}+\sqrt{r_{\min}^2-\left(\frac{1}{2}m-l_1\cos\alpha\right)^2}\right) \tag{6-28}$$

确定 $R$ 后,$p_{bm}$ 可以是圆周上任一点,为使基座移动距离最短,可取 $(x_{1m},y_{1m})$ 为基座起始位置与目标物体的连线与圆周的交点,$\theta_{1m}$ 可确定为使 $y_1$ 轴指向目标物体,即 $\theta_{1m}=\operatorname{atan}2(y_{1m}-(y_{e3f}+y_{e5f})/2,x_{1m}-(x_{e3f}+x_{e5f})/2)-\pi/2$。

## 6.4.2 仿真实例

本节以一个双臂空间机器人捕捉目标的工作任务进行轨迹规划仿真。机器人物理参数为:$l_1=l_2=l_3=l_4=l_5=2$ m,$\alpha=\pi/4$,$EI_3=EI_5=10\ 000$,$m_2=m_3=m_4=m_5=2$ kg,$m_1=40$ kg,动力学约束取为:$V_{m\bar{x}_1}=V_{m\bar{y}_1}=V_{m\theta_1}=4$,$A_{m\bar{x}_1}=A_{m\bar{y}_1}=A_{m\theta_1}=2$,$V_{m\theta_2}=V_{m\theta_3}=V_{m\theta_4}=V_{m\theta_5}=\pi/4$,$A_{m\theta_2}=A_{m\theta_3}=A_{m\theta_4}=A_{m\theta_5}=\pi/8$。机器人起始位姿及目标捕捉点为:$p_0=(x_{10},y_{10},\theta_{10})=(0,0,0)$,$(x_{e3f},y_{e3f},x_{e5f},y_{e5f})=(7.5,6,6.5,6)$。

经过路径规划、时间参数化及控制仿真,机器人的期望和实际运动轨迹如图 6-2 所示。机器人根据规划所得轨迹实现了捕捉操作,完成时间为 7.5 s。

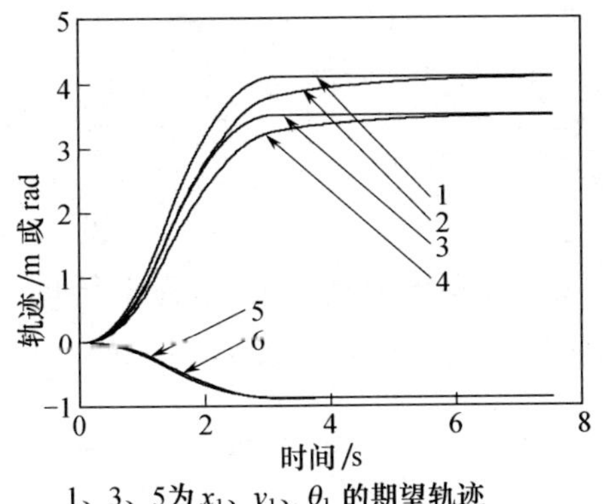

1、3、5为 $x_1$、$y_1$、$\theta_1$ 的期望轨迹
2、4、6为 $x_1$、$y_1$、$\theta_1$ 的实际轨迹
(a)

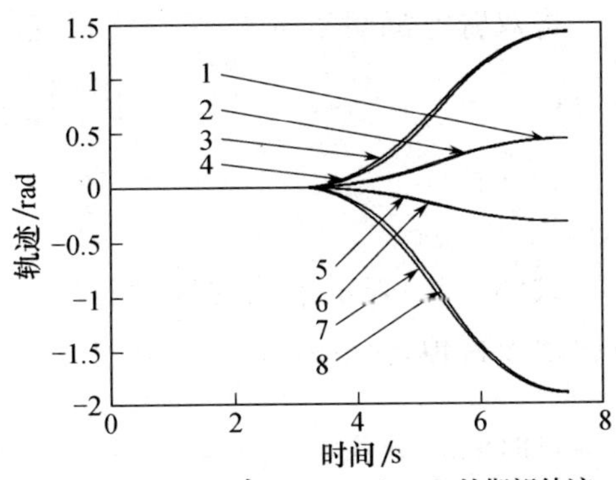

1、3、5、7为 $\theta_2$、$\theta_3$、$\theta_4$、$\theta_5$ 的期望轨迹
2、4、6、8为 $\theta_2$、$\theta_3$、$\theta_4$、$\theta_5$ 的实际轨迹
(b)

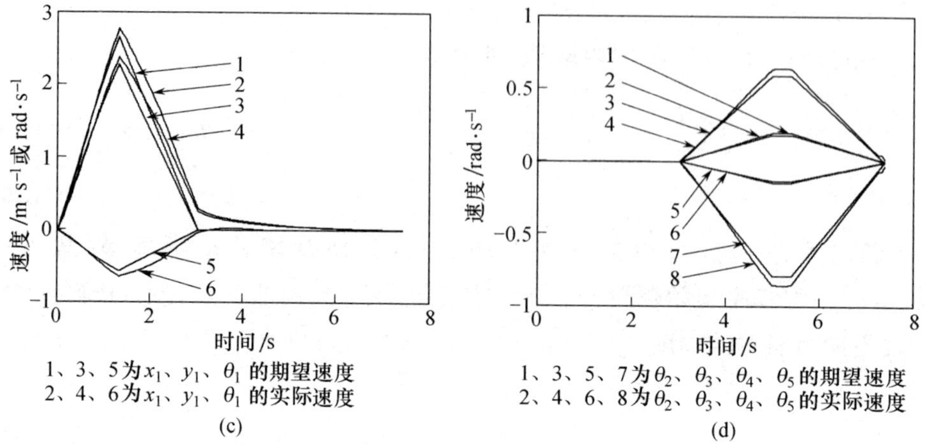


图 6-2 机器人捕捉目标的运动轨迹

## 6.5 非完整运动规划

对空间机器人基座位姿直接实施主动控制会增加机器人燃料的消耗，因此往往希望目标物体处于工作空间之内时，让基座保持自由飘浮状态，仅通过 4 个关节的运动实现目标捕捉。这就需要考虑空间机器人的非完整规划问题。

### 6.5.1 自由飘浮空间机器人的非完整性

将双臂空间机器人对等刚性系统的动量守恒约束式(5-7)展开可得

$$\begin{bmatrix} \dot{x}_1 \\ \dot{y}_1 \end{bmatrix} = \overline{J}_{b\theta 1} \dot{p}_\theta \tag{6-29}$$

$$\dot{\theta}_1 = \overline{J}_{b\theta 2} \dot{p}_\theta \tag{6-30}$$

式(6-29)表示系统的线动量守恒约束，线动量守恒可表达为系统的质心运动保持恒定(初始动量为 0 时，即指系统的质心位置不变)，即式(6-29)可以对时间积分为$\begin{bmatrix} x_1 \\ y_1 \end{bmatrix} = \bar{g}(\theta_1, p_\theta)$形式的完整约束。式(6-30)表示系统的角动量守恒约束，由于等式右端无法积分，因此为非完整约束。

因此，将线动量守恒约束代入机器人系统的几何约束有

$$p_e=\bar{f}(\bar{p})=\bar{f}\left(\begin{bmatrix}\bar{g}(\theta_1,p_\theta)\\ \theta_1\\ p_\theta\end{bmatrix}\right) \tag{6-31}$$

机器人处于自由飘浮状态时，由于基座位姿不再独立可控，双杆双臂空间机器人最多只能实现5维末端位姿。考虑到抓取目标物体时，机械臂末端能够到达正确的位置是最关键的。因此，可将末端目标位姿取为$(x_{e3f},y_{e3f},x_{e5f},y_{e5f},\theta_{e3f})^{\mathrm{T}}$、$(x_{e3f},y_{e3f},x_{e5f},y_{e5f},\theta_{e5f})^{\mathrm{T}}$或$(x_{e3f},y_{e3f},x_{e5f},y_{e5f},\theta_{e1f})^{\mathrm{T}}$等。

记机器人广义坐标的所有转角部分为：$\theta=(\theta_1,\theta_2,\theta_3,\theta_4,\theta_5)^{\mathrm{T}}$。在指定两机械臂末端目标位置与一个目标转角后，根据式(6-31)可反解得到目标转角$\theta_f=(\theta_{1f},\theta_{2f},\theta_{3f},\theta_{4f},\theta_{5f})^{\mathrm{T}}$。基座自由飘浮条件下捕捉目标的关节空间轨迹规划问题就可以转化为如下非完整运动规划问题。

已知$\theta_0$,$\theta_f$及

$$\dot{\theta}=\begin{bmatrix}J_{b\theta2}\\ I\end{bmatrix}u\quad(u=\dot{p}_\theta) \tag{6-32}$$

求$u(t)$。

这是一个典型的非完整系统运动路径规划问题。由于式中$\begin{bmatrix}J_{b\theta2}\\ I\end{bmatrix}$不显含时间$t$，因此可以将其化为：$\dfrac{\mathrm{d}\theta}{\mathrm{d}s}=\begin{bmatrix}J_{b\theta2}\\ I\end{bmatrix}u(s)$，$u(s)=\dfrac{\mathrm{d}p_\theta}{\mathrm{d}s}$，先求$\theta$与$p_\theta$对某种路径参数$s$的导数，再根据求解的结果$u(s)$，通过时间参数化算法求得$u(t)$。

## 6.5.2 非完整运动规划算法

一般意义上的非完整运动路径规划问题可表示为如下非线性系统形式：

$$\dot{x}=f(x)u\quad(x(0)=x_0,t\in[t_0,t_f]) \tag{6-33}$$

求$u(t)$，使$x$从初始位置$x_0$到达目标位置$x_f$。

非完整运动路径规划算法主要分以下3种。

1. 李亚普诺夫函数法[4,5]

设 $\Delta x = x - x_f$，该类方法的主要思路是构造能量函数 $V(\Delta x)$，$V(0)=0$，$\Delta x \neq 0$ 时，$V(\Delta x) \geqslant 0$，则

$$\dot{V}(\Delta x) = \frac{\partial V}{\partial(\Delta x)}\dot{x} = \frac{\partial V}{\partial(\Delta x)} f(x) u \tag{6-34}$$

通过选择适当的 $u = u(\Delta x)$，使 $\Delta x \neq 0$ 时，$\dot{V}(\Delta x) < 0$，从而使系统收敛至指定点处。一般取 $V(\Delta x)$ 为 $\Delta x$ 的正定二次型。该方法的主要问题在于很难找到 $u = u(\Delta x)$ 保证 $\dot{V}(\Delta x)$ 负定[主要是由于 $u(\Delta x)$ 的负定性难以满足，负半定则较容易满足]，使 $\Delta x$ 可能稳定在某个原点外的吸引域上。为克服这一点，文献[6]提出构造两个初始状态分别从 $x_0$ 和 $x_f$ 出发的系统，$\Delta x$ 定义为两系统状态之差，分别寻找 $u_1 = u_1(\Delta x)$，$u_2 = u_2(\Delta x)$，使得 $\dot{V}(\Delta x)$ 负半定，再将两个系统的输入按时间先后拼和起来作为最终结果，并假设两个系统同时陷入某个原点外吸引域的可能性很小。但根据最终的实际计算结果，对本书所述的双臂空间机器人系统，这一假设并不成立。文献[7]构造了一种 $V(\Delta x)$ 和 $u(\Delta x)$，并证明了只要系统状态不是从某个吸引域出发，就可以保证 $\dot{V}(\Delta x)$ 在整个过程中负定，但该方法需要知道 $f(x)$ 的显式表达，并且构造方法过于繁琐。

2. Newton-Raphson 法[8,9]

该方法的主要思路是将 $u(t)$ 离散化为 $\underline{u}$，$\underline{u}$ 可以为 $u(t)$ 在离散化后的各时间点上的取值，也可为 $u(t)$ 在某个有限维正交函数空间中的坐标（如有限傅里叶展开）。问题化为 $\Delta x = G(\underline{u}) = 0$，从某一初始值出发，利用 Newton-Raphson 算法，逐步迭代求解 $\underline{u}$。可以证明，使用该迭代算法，$G(\underline{u})$ 必然收敛至 0，且随迭代次数的增加呈指数下降。但该方法在迭代过程中需要计算 $\nabla_{\underline{u}} G(\underline{u})$，对很多实际系统来说，这是不可能的。

3. 环路积分法[10-12]

该算法将状态 $x$ 分为非独立变量部分与独立变量部分，即 $x = (p^{\mathrm{T}}, q^{\mathrm{T}})^{\mathrm{T}}$，其中 $q$ 为独立变量部分。该算法要求式(6-33)能等价地转化为下面的问题：

$$\mathrm{d}p + A(q)\mathrm{d}q = 0 \tag{6-35}$$

求 $q(t)$，使 $x$ 从初始位置 $(p_0^{\mathrm{T}}, q_0^{\mathrm{T}})^{\mathrm{T}}$ 到达目标位置 $(p_f^{\mathrm{T}}, q_f^{\mathrm{T}})^{\mathrm{T}}$。

首先取某一 $q_1(t)$，使 $x$ 达到 $x_d=(p_d^{\mathrm{T}},q_f^{\mathrm{T}})^{\mathrm{T}}$，再选择 $q$ 的一个或几个环路构成的路径 $q_2(t)$，使系统沿该路积分后，能从 $(p_d^{\mathrm{T}},q_f^{\mathrm{T}})^{\mathrm{T}}$ 达到 $(p_f^{\mathrm{T}},q_f^{\mathrm{T}})^{\mathrm{T}}$。$q_2(t)$ 可取不同的参数曲线，如椭圆曲线、B 样条、多边形等。$q_2(t)$ 的求解就转化为对参数的求解，并可利用各种优化算法针对参数进行优化。

该方法的缺点是由于路径一般需要经过多个环路，得到的路径效率较低。并且对实际系统，$q_2(t)$ 的求解与优化比较复杂，对优化算法的要求较高。

### 6.5.3 空间机器人非完整关节运动规划

由于本书所述的双臂空间机器人系统很复杂，式(6－32)的显式表达无法实现，因此选择环路积分法进行路径规划，而式(6－30)即为式(6－35)所要求的形式。路径规划方法如下：

首先令 $k=0$，再循环对 $s\in[k,k+1]$ 的路径进行规划。

(1) 当 $k=0$ 时，有

$$p_\theta(s)=(p_{\theta f}-p_{\theta 0})s+p_{\theta 0} \tag{6-36}$$

并根据式(6－30)计算得 $\theta_{1d}$，令 $k=k+1$。

(2) 当 $k\geqslant 1$ 时，有

$$p_\theta(s)=a\cos(2\pi(s-k))+b\sin(2\pi(s-k))+p_{\theta f}-a \tag{6-37}$$

其中，参数 $a,b$ 根据下面的约束优化问题求解：

$$\min_{a,b}\|\theta_1(k+1)-\theta_{1f}\| \tag{6-38}$$

$$\text{s.t.}\quad \sqrt{a_i^2+b_i^2}+|p_{\theta f}^i-a_i|<\theta_{\text{upper}}^i \tag{6-39}$$

式(6－39)表示 $p_\theta$ 不得超出指定的角度范围。使用 Matlab 6.0 优化工具箱等进行优化计算。当 $\min\limits_{a,b}\|\theta_1(k+1)-\theta_{1f}\|$ 小于指定误差限 $\varepsilon$ 时，循环中止，否则，$k=k+1$，回(2)。

### 6.5.4 仿真实例

本节仍以空间双臂机器人为例，进行基座自由飘浮条件下捕捉目标的工作任务的轨迹规划，以验证所介绍的基于环路积分的非完整规划方法。机器人物理参数为：

$l_1=l_2=l_3=l_4=l_5=2\ \mathrm{m}$，$\alpha=\pi/4$，$EI_3=EI_5=10\,000$，$m_2=m_3=m_4=m_5=$

2 kg,$m_1=40$ kg，动力学约束取为：$V_{m\theta_2}=V_{m\theta_3}=V_{m\theta_4}=V_{m\theta_5}=\pi/3$，$A_{m\theta_2}=A_{m\theta_3}=A_{m\theta_4}=A_{m\theta_5}=\pi/6$。起始及目标位姿为：$p_0=(x_{10},y_{10},\theta_{10})=(0,0,0)$，$(x_{e3f},y_{e3f},x_{e5f},y_{e5f})=(4,4,-1,4)$，$\theta_{1f}=0.4$。

利用式(6-31)反解得机器人基座转角与关节角目标为：

$\theta_f=(\theta_{1f},\theta_{2f},\theta_{3f},\theta_{4f},\theta_{5f})^{\mathrm{T}}=(0.4000,-0.7454,0.2944,-0.8770,-1.1611)^{\mathrm{T}}$。

路径规划的结果如图6-3所示。路径参数$s\in[0,2]$，关节路径仅包含一个环路。机器人关节角在经过一个直线型路径后在$s=1$处达到目标位置，但基座转角并未达到目标；而后关节角经过一个环路在$s=2$处重新回到目标位置，同时基座转角也达到目标位置。再根据动力学约束进行时间参数化，机器人关节空间的最终轨迹规划结果如图6-4所示，机器人运动时间为6.87 s。

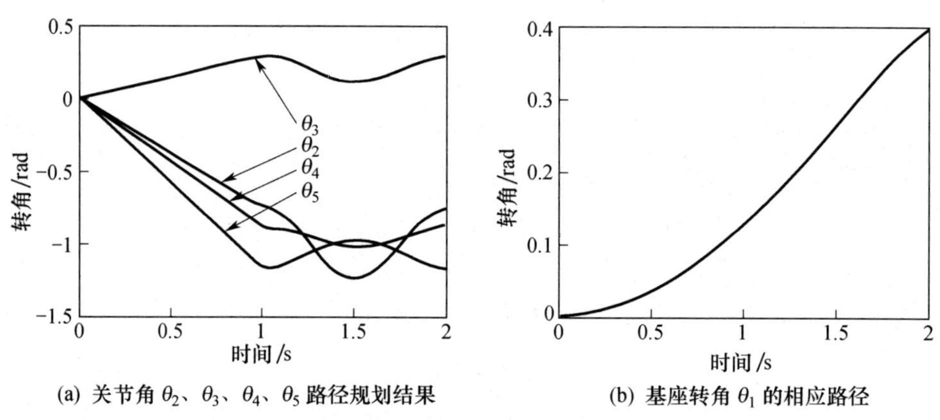


图6-3　路径规划结果

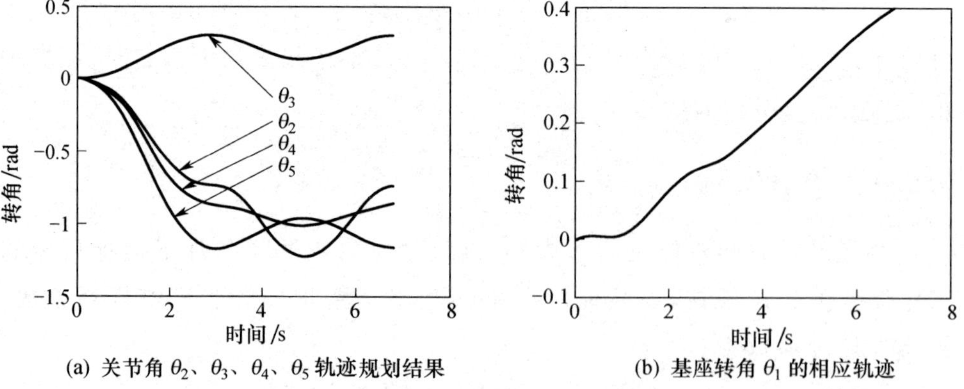


图6-4　规划所得轨迹

# 参考文献


[1] Xu X R, Chung W J, Choi Y H. A method for on-line trajectory planning of robot manipulators in Cartesian space. Proc International Symposium on Computational Intelligence in Robotics and Automation (CIRA), 1999.

[2] Jin Y G, Choi J Y. A simple algorithm for determining of movement duration in task space without violating joint angle constraints. Proc IEEE Conf Robotics and Automation, 2001.

[3] Castellote G P, Cannon R H. Proximate time-optimal algorithm for on-line path parameterization and modification. Proc IEEE Conf Robotics and Automation, Minneapolis, 1996.

[4] Nakamura Y, Mukherjee R. Exploiting nonholonomic redundancy of free-flying space robots. IEEE Trans Robotics and Automation, 1993, 9(4): 499-506.

[5] Nakamura Y, Mukherjee R. Nonholonomic path planning of space robots via a bidirectional approach. IEEE Trans Robotics and Automation, 1991, 7(4): 500-514.

[6] Divelbiss A W, Wen J. A global approach to nonholonomic motion planning. Proc IEEE Conf Decision and Control, 1992: 1597-1602.

[7] Divelbiss A W, Wen J. A path space approach to nonholonomic motion planning in the presence of obstacles. IEEE Trans Robotics and Automation, 1997, 13: 443-451.

[8] Suzuki T, Nakamura Y. Planning spiral motion of nonholonomic space robots. Proc IEEE Int Conf Robotics and Automation, 1996, 1: 718-725.

[9] Liu J S, Wang L S, Tsai L S. A nonlinear programming approach to nonholonomic motion planning with obstacle avoidance. Proc IEEE Int Conf Robotics and Automation, 1994: 70-75.

[10] Iwamura M, Yamamoto M, Mohri A. Near-optimal trajectory planning for nonholonomic Caplygin systems. Proc IEEE/RSJ Int Conf Intelligent Robotics and Systems (IROS'99), 1999, 3: 1663-1668.

[11] Hujic D, Zak G, Croft E et al. An active prediction, planning and execution system for interception of moving objects. Proc IEEE International Symposium on Assembly and Task Planning, 1995: 347-352.

[12] Croft E A, Fenton R G, Benhabib B. Optimal rendezvous-point selection for robotic interception of moving objects. IEEE Trans on Systems, Man and Cybernetics, Part B, 1998, 28(2): 192-204.

# 第7章 柔性臂空间机器人抑振轨迹规划

柔性机器人由于柔性部件的存在，在运动过程及运动结束后，机器人末端往往存在比较严重的振动，无法迅速、准确地到达指定位置。这不仅影响到末端的准确定位，也会给后续操作带来不利影响。因此，如何抑制振动以改善柔性机器人的工作性能就成了一个重要的研究课题。目前，主动消除柔性空间机器人振动主要从控制方法的角度进行研究，从轨迹规划的角度研究振动抑制的工作还很少。

本章介绍一种基于对柔性空间机器人动力学方程的分析，以激振力为性能指标的抑振轨迹规划算法，方法采用均匀非周期四阶B样条描述机器人运动轨迹，B样条的控制点作为优化参数，使用改进的微粒群优化算法(particle swarm optimization，PSO)，以激振力为性能指标对轨迹进行优化求解。由于“激振力”指标即描述了机器人的振动，又可直接由运动轨迹的简单计算得到，算法的计算效率很高。最后给出了第3章中图3-1所示的柔性双臂机器人为例的算法仿真结果。

## 7.1 振动抑制轨迹规划原理

将柔性机器人系统的广义坐标分为刚性部分 $p_a$ 和柔性部分 $p_p$ 后，其分解形式为

$$M_{aa}\ddot{p}_a + M_{ap}\ddot{p}_p + F_a = \tau_a \tag{7-1}$$

$$M_{pp}\ddot{p}_p + K_p p_p = \tau_p - M_{pa}\ddot{p}_a - F_p \tag{7-2}$$

其中，式(7-2)为柔性变形运动的动力学方程。

将式(7-2)右边部分表示为 $\lfloor \tau_p - M_{pa}\ddot{p}_a - F_p \rfloor = F_s + F_J$，其中定义柔性

振动的激振力为 $F_J=\lfloor\tau_p-M_{pa}\ddot{p}_a-F_p\rfloor_{p_p=\dot{p}_p=0}$。此时 $F_s=\lfloor\tau_p-M_{pa}\ddot{p}_a-F_p\rfloor-F_J$ 由 $\dot{p}_p$和 $p_p$ 的因子项构成，可表示为 $F_s=-C_1\dot{p}_p-C_2p_p$。因此，式(7-2)可写为

$$M_{pp}\ddot{p}_p+C_1\dot{p}_p+(C_2+K_p)p_p=F_J \tag{7-3}$$

空间机器人处于太空失重环境，因此静止状态下柔性变形为零，处于零柔性振动状态(zero vibration state, ZVS)，即 $\ddot{p}_p=\dot{p}_p=p_p=0$。因此空间机器人系统从静止开始运动时，如果存在适当的轨迹的满足零激振力条件(zero exciting force condition, ZEFC)

$$F_J=[\tau_p-M_{pa}\ddot{p}_a-F_p]_{p_p=\dot{p}_p=0}\equiv 0 \tag{7-4}$$

则由式(7-3)可知，机器人运动时将一直保持零柔性振动状态，因此称满足零激振力条件的轨迹为零激振轨迹(zero exciting force trajectory, ZEFT)。实际上，即使初始不处于零柔性振动状态，如果机器人沿零激振轨迹运动，由于柔性臂材料内阻尼及系统机械阻尼的作用，其柔性振动也将逐渐衰减。所以将机器人轨迹规划为零激振轨迹，即可实现对柔性空间机器人运动过程中柔性振动的抑制。由激振力定义可知，机器人在任意时刻的激振力仅与当前刚性部分的运动状态有关，可由轨迹直接计算，这将极大地提高轨迹规划算法的效率。

对柔性臂空间机器人系统而言，定义符号“^”指某量在 $p_p=\dot{p}_p=0$ 时的值，即 $\hat{x}=x_{p_p=\dot{p}_p=0}$。由于 $\hat{\tau}_p=\tau_p$，$\hat{M}_{pa}=M_{pa}$，因此零激振力条件，即式(7-4)也可表示为

$$F_J=\tau_p-M_{pa}\ddot{p}_a-\hat{F}_p\equiv 0 \tag{7-5}$$

由式(7-4)和式(7-5)可知，零激振力条件实际为一个非定常系数的非线性微分方程组，要寻找一个满足轨迹起点、终点状态要求的理想零激振轨迹是十分困难的。因此将其转化为一个优化问题，通过寻找一条使 $F_J$ 在整个过程中范数较小的轨迹，来抑制柔性振动。为此，需要有一个可实际操作的量化指标来衡量轨迹的抑振性能。

设机器人的一条运动轨迹为 $p_a(t)$，$t\in[t_0,t_f]$，$t_0$ 和 $t_f$ 分别为轨迹起止时间。令 $s=\dfrac{t-t_0}{t_f-t_0}$，$s\in[0,1]$，则可推得激振力的 $s$ 参数形式为

$$F_J(s)=\frac{1}{(t_f-t_0)^2}\left(\tau_p-M_{pa}(p_a(s))\frac{\mathrm{d}^2 p_a}{\mathrm{d}s^2}-F_p\left(p_a(s),\frac{\mathrm{d}p_a}{\mathrm{d}s}\right)\right)_{p_p=\dot{p}_p=0}$$
$$=\frac{\overline{F}_J(s)}{(t_f-t_0)^2} \tag{7-6}$$

则根据机器人的动力学方程有

$$F_J(s)=\frac{1}{(t_f-t_0)^2}\left(-M_{pa}(p_a(s))\frac{\mathrm{d}^2 p_a}{\mathrm{d}s^2}-\hat{F}_p\left(p_a(s),\frac{\mathrm{d}p_a}{\mathrm{d}s}\right)\right)$$
$$=\frac{\overline{F}_J(s)}{(t_f-t_0)^2} \tag{7-7}$$

注意到 $\overline{F}_J(s)$中不显含时间参数 $t$,因此在实际的轨迹优化过程中,先针对 $\overline{F}_J(s)$进行优化得到 $p_a(s)$,再根据设定的运动时间以得到 $p_a(t)$。显然,由式(7-6)和式(7-7),在 $p_a(s)$确定的情况下,轨迹所需要的运动时间越长,各点所对应的激振力就越小。这与柔性机器人运动越慢,柔性振动越小的一般观念相吻合。但抑制振动的轨迹规划是在设定的运动时间内进行的,即在运动时间相同的轨迹中,优化求解出抑振效果最好的轨迹。

对于某个 $p_a(s)$,其抑振性能,即激振力的整体表现可取为如下的 2 范数形式:

$$\int_0^1 \left\|\overline{F}_J(s)\right\|_2^2 \mathrm{d}s \tag{7-8}$$

实际优化计算中还可采用其离散形式,即

$$\frac{1}{N}\sum_{i=0}^{N-1}\overline{F}_J\left(\frac{i}{N}\right) \tag{7-9}$$

至此将机器人运动轨迹参数化,如表示为多项式函数或样条函数等。并在轨迹的参数空间中寻优,实现上述抑振性能指标的最小化,即可实现抑制振动的轨迹规划。

## 7.2 轨迹描述与生成

为使机器人运动的速度、加速度连续,可采用四阶 B 样条曲线描述机器人的运动轨迹。假设已知机器人刚性坐标空间的 $n+1$ 个控制点 $\underline{p}_{ai}(i=0,1,\cdots,n)$,则对应的四阶 B 样条轨迹 $p_a(s)$为

$$p_a(s)=\sum_{i=0}^{n}\underline{p}_{ai}N_{i,4}(s) \tag{7-10}$$

其中,$N_{i,4}(s)$为均匀非周期四阶 B 样条基函数,可按照如下递归公式进行计算。

$$\begin{cases} N_{i,1}(s)=\begin{cases}1, & s_i\leqslant s<s_{i+1}\\ 0, & \text{其他}\end{cases} \\ N_{i,k}(s)=\dfrac{(s-s_i)N_{i,k-1}(s)}{s_{i+k-1}-s_i}+ \\ \qquad\dfrac{(s_{i+k}-s)N_{i+1,k-1}(s)}{s_{i+k}-s_{i+1}} \quad (s_{k+1}\leqslant s\leqslant s_{n+1})\end{cases} \tag{7-11}$$

而节点矢量 $T=[s_0,s_1,\cdots,s_{n+4}]$的计算公式为

$$s_i=\begin{cases}0, & i<4\\ 1, & i>n\\ (i-3)/(n-2), & \text{其他}\end{cases} \tag{7-12}$$

为使机器人运动在起点、终点的速度、加速度为 0,前三个与后三个控制点分别设定为

$$\begin{aligned} \underline{p}_{a0}=\underline{p}_{a1}=\underline{p}_{a2}=p_{a0} \\ \underline{p}_{a(n-2)}=\underline{p}_{a(n-1)}=\underline{p}_{an}=p_{af}\end{aligned} \tag{7-13}$$

其余的控制点均为可调参数。

此外,B 样条曲线的一个优点在于可以通过插入节点进一步改善曲线的局部性质,提高 B 样条曲线的形状控制的灵活性[1]。对于轨迹优化来说,则可以利用插入节点的方法来逐步修正轨迹。采用 Oslo 算法在不改变原曲线的情况下插入新节点,假设在某个节点区间$[s_i,s_{i+1}]$内插入节点 $s$,新的节点矢量为 $T^1=[s_0,s_1,\cdots,s_i,s,s_{i+1},\cdots,s_{n+4}]$,新的控制顶点 $\underline{p}_{aj}^1(i=0,1,\cdots,n+1)$为

$$\underline{p}_{aj}^1=\begin{cases}\underline{p}_{aj}, & 0\leqslant j\leqslant i-3\\ (1-\beta_j)\underline{p}_{a(j-1)}+\beta_j\underline{p}_{aj}, & i-2\leqslant j\leqslant i\\ \underline{p}_{a(j-1)}, & i+1\leqslant j\leqslant n+1\end{cases} \tag{7-14}$$

$$\beta_j=\frac{s-s_j}{s_{j+3}-s_j} \tag{7-15}$$

对于均匀非周期四阶 B 样条曲线,可以按照式(7-15)依次插入节点 $\dfrac{s_3+s_4}{2},\dfrac{s_4+s_5}{2},\cdots,\dfrac{s_n+s_{n+1}}{2}$,每插入一个节点,控制顶点更新一次,但结果仍然为均匀非周期 B 样条曲线。

## 7.3 振动抑制轨迹规划算法

本节介绍将 B 样条的控制顶点作为参数,求解优化轨迹的参数优化方

法。由于机器人运动轨迹的控制顶点与激振力指标之间的关系非常复杂，一般的优化方法难以奏效，可使用微粒群优化算法或遗传算法等优化方法进行数值求解。本书以微粒群优化算法为例进行如下介绍。

微粒群算法(particle swarm optimization，PSO)是由 Kennedy 和 Eberhart 在 1995 年提出的一种演化计算技术[2,3]。最初 PSO 算法是为了图形化地模拟鸟群优美而不可预测的运动：虽然鸟群中的每个个体表面上在独立地自由飞行，但群体的成员之间存在某种形式的信息共享。近几年来逐步发展为一种优化技术，并在一些涉及优化的领域得到应用。

目前 PSO 的标准算法是由 Yuhui Shi 等[4]在 1998 年提出的。和其他演化算法相似，PSO 算法也是基于群体的，首先随机地生成一个初始群体，再根据对环境的适应度将群体中的个体移动到好的区域。与遗传算法等其他演化算法不同，它不是对个体使用杂交、变异、复制等算子，而是将每个个体看成是 D 维搜索空间中的一个没有体积的微粒，在搜索空间中以一定的速度飞行，这个速度根据它本身的飞行经验和同伴的飞行经验来动态调整。第 $i$ 个微粒表示为 $X_i=(x_{i1},x_{i2},\cdots,x_{iD})$，每个微粒记录自身经历过的最好位置(获得最佳适应度的位置)$P_i=(p_{i1},p_{i2},\cdots,p_{iD})$和整个群体经历过的最好位置 $P_g$。微粒 $i$ 的速度用 $V_i=(v_{i1},v_{i2},\cdots,v_{iD})$表示。在每代演化中，微粒 $i$ 根据下式从位置 $X_i^{(k)}$ 运动到 $X_i^{(k+1)}$。

$$\begin{gathered} v_{id}^{(k+1)}=wv_{id}^{(k)}+c_1\mathrm{rand}(\ )(p_{id}-x_{id}^{(k)})+c_2\mathrm{rand}(\ )(p_{gd}-x_{id}^{(k)}) \\ x_{id}^{(k+1)}=x_{id}^{(k)}+v_{id}^{(k+1)} \end{gathered} \tag{7-16}$$

其中，$w$ 为惯性权重，$c_1$ 和 $c_2$ 为加速常数，$k$ 为演化代数。rand( )为在[0,1]范围内变化的随机函数。另外，微粒的速度 $V_i$ 存在一个速度阈值 $V_{\max}$。如果当前对微粒的加速导致它在某维的速度 $v_{id}$ 超过该维的最大速度 $v_{\max d}$，则该维的速度被限制在 $v_{\max d}$上。

Clerc[5]证明了 $w$ 和 $c_1$、$c_2$ 满足如下条件时，PSO 算法收敛。

$$\begin{cases} w=2/\left|2-\varphi-\sqrt{\varphi^2-4\varphi}\right| \\ \varphi=(c_1+c_2)/w \\ \varphi>4 \end{cases} \tag{7-17}$$

在所讨论的抑振轨迹优化问题上，PSO 算法相对于遗传算法(Genetic Algorithms，GA)等其他随机演化算法有如下优势。

(1) 算法简单,计算复杂度低。

(2) 直接针对原参数空间优化,无须进行编码、解码。

(3) 对目标函数(适应度函数)无特殊要求,最大、最小值问题均直接解决。而 GA 要求适应度函数恒正,且最小值问题需转化为最大值问题才能解决。

由于惯性项的存在,初始群体在解空间中的不对称分布对算法的性能仅有略微的影响[6]。在轨迹优化中,这有助于引入已有的经验,将初始个体集中在已知的较优解附近,以获得更高的优化效率。

但柔性空间机器人抑振轨迹规划问题是一个受约束优化问题,而 PSO 算法在受约束优化问题中的应用尚不多见。T. Ray 等[7]提出根据违反约束的不同程度对群体进行簇分解的方法来解决受约束的优化问题。但该方法由于引入了大量的附加运算,使算法的时间效率大大降低。因此,本节介绍一种仅有不等式约束,且可行解空间为凸集情况下的解决方案。考虑下面的优化问题:优化:$f(x)\in R$;$x$ 满足:$c_i(x)\leqslant 0(i=0,1,\cdots,m)$

假设初始群体全部位于可行解空间内,将式(7-16)修正为

$$\begin{cases} v_{id}^{(k+1)}=\begin{cases} w\cdot v_{id}^{(k)}+c_1\,\mathrm{rand}(\ )(p_{id}-x_{id}^{(k)})+c_2\,\mathrm{rand}(\ )(p_{gd}-x_{id}^{(k)}), & \exists j,c_j(x_i^{(k)})>0 \\ c_1\,\mathrm{rand}(\ )(p_{id}-x_{id}^{(k)})+c_2\,\mathrm{rand}(\ )(p_{gd}-x_{id}^{(k)}), & \text{其他} \end{cases} \\ x_{id}^{(k+1)}=x_{id}^{(k)}+v_{id}^{(k+1)} \end{cases} \tag{7-18}$$

根据式(7-18),在迭代的过程中,一旦某个微粒 $i$"飞出"了可行解空间,即丧失其惯性速度,从而在 $P_i$ 和 $P_g$ 的吸引下回到可行解空间内。相比于 T. Ray等的方法,该方法大大简化了运算。

基于以上的讨论,可以把针对抑制振动的轨迹规划问题形式化为如下优化问题:

$$\begin{cases} \min\limits_{\underline{P}_a'} \dfrac{1}{N}\sum\limits_{i=0}^{N-1}\overline{F}_J\left(\dfrac{i}{N}\right) \\ \text{s.t.}\quad |\underline{\theta}_{i,j}|\leqslant\theta_{i\max}\quad(2\leqslant i\leqslant 5) \end{cases} \tag{7-19}$$

其中,$\underline{P}_a'$ 为 B 样条轨迹的可调参数($\underline{p}_{a3},\underline{p}_{a4},\cdots,\underline{p}_{a(n-3)}$),$\underline{\theta}_{i,j}$ 表示控制点 $\underline{p}_{aj}$ 在坐标 $\theta_i$ 上的值,约束条件表示控制点不可造成关节角越限。由 B 样条曲线的凸包性可知,如果约束条件满足,则整条轨迹上的点都不会超过指定

范围。

理论上，控制点较少的 B 样条曲线可以由控制点较多的 B 样条曲线表示。因此，控制点数$(n+1)$越大，可能获得的优化解性能越好。然而在实际优化过程中，当 $n$ 较小时，优化算法可以比较好地工作，很快寻找到较优解，但由于可调整参数过少，优化“潜力”有限；而当 $n$ 过大时，尽管在理论上可能找到更好的解，但优化算法的效率明显降低，在迭代次数相同的条件下，效果反而不如 $n$ 较小时的优化效果。因此，本书介绍对 $n$ 进行动态调整的方法，首先从较少的控制点开始利用 PSO 算法优化，获得优化解后利用 Oslo 算法插入新节点，得到新的控制点集。而后从新的控制点集出发，重复进行优化。

算法描述如下：

(1) $n=n^0, n^0\geqslant 6$。

(2) 在式(7－18)的约束范围内随机生成 pop_size 个初始个体$\{\underline{P}_a'^{(i)}\}$。

(3) 从初始群体$\{\underline{P}_a'^{(i)}\}$出发，利用 PSO 算法优化，迭代达到 epoch 次后得到当前最优解 $\underline{P}_a'^{*}$。

(4) If$(n>n_{\max})$，结束循环。

(5) 计算插入节点集 $\text{insert\_}T=\left\{\dfrac{s_3+s_4}{2},\dfrac{s_4+s_5}{2},\cdots,\dfrac{s_n+s_{n+1}}{2}\right\}$。

(6) 顺次将 insert_$T$ 中的值用 Oslo 算法逐个插入节点集 $T$，同时调整 $\underline{P}_a'^{*}$ 与 $n$。

(7) 在 $\underline{P}_a'^{*}$ 附近生成新的初始群体$\{\underline{P}_a'^{(i)}\}$，并保证 $\forall i, \|\underline{P}_a'^{(i)}-\underline{P}_a'^{*}\|\leqslant \varepsilon$（$\varepsilon$ 为一个小正数），跳转到(3)。

## 7.4 仿真实例

为检验所介绍的轨迹优化算法的有效性和性能，针对图 3－1 所示的柔性双臂空间机器人进行如下数值仿真。

机器人的尺寸为 $l_1=l_2=l_4=2$ m，$l_3=l_5=10$ m，$\alpha=\pi/4$。各杆质量为 $m_1=40$ kg，$m_2=m_4=2$ kg，$m_3=m_5=10$ kg。柔性杆参数为 $EI=10\ 000$。各关节的运动幅度均取为 $\theta_{2\max}=\theta_{3\max}=\theta_{4\max}=\theta_{5\max}=\pi$。仿真中设定起始位姿为：$p_{a0}=(0,0,0,0,0,0,0)^{\mathrm{T}}$，目标位姿为 $p_{af}=(12,6,\pi/6,\pi/3,\pi/6,\pi/3,$

$\pi/6)^{\mathrm{T}}$。轨迹优化算法的各项参数为 $n^0=8$，pop_size＝30，epoch＝1 000，$n_{\max}=80$，$N=100$。微粒群算法参数根据式(7－17)取 $w=0.729$，$c_1=c_2=1.494$。

经过多代运算($n=50$)，最终可优化得到一个有51个控制点的均匀非周期四阶B样条轨迹。取$[t_0,\ t_f]=[0,10]$，优化得到的机器人运动轨迹如图7－1所示。作为对照，图7－2所示是一个满足 $p_a(t_0)=p_{a0}$，$p_a(t_f)=p_{af}$，$\dot{p}_a(t_0)=\dot{p}_a(t_f)=0$ 要求的三次多项式函数表示的简单轨迹。

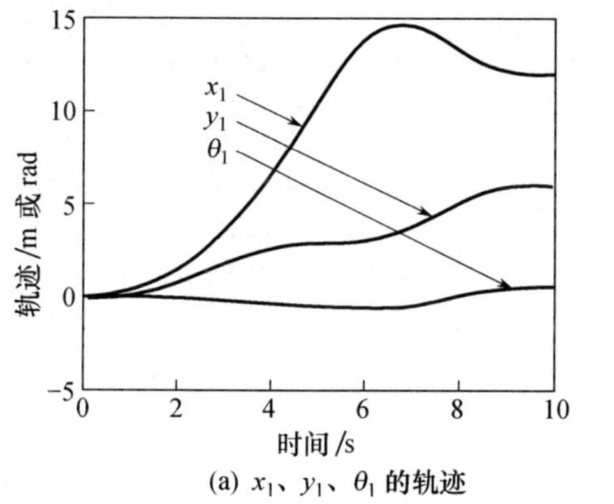

(a) $x_1$、$y_1$、$\theta_1$ 的轨迹

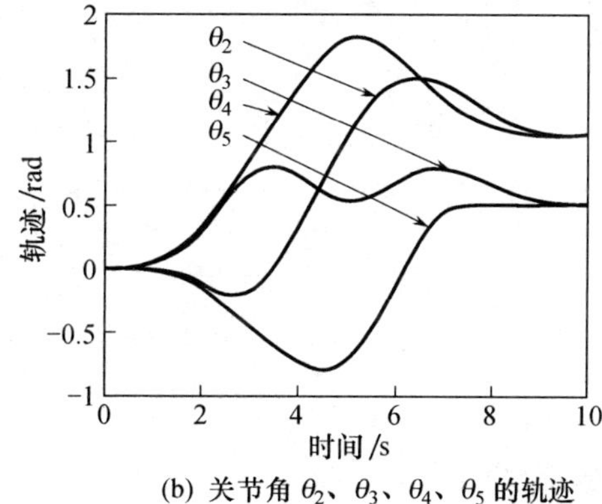

(b) 关节角 $\theta_2$、$\theta_3$、$\theta_4$、$\theta_5$ 的轨迹

图7－1 优化所得抑振轨迹

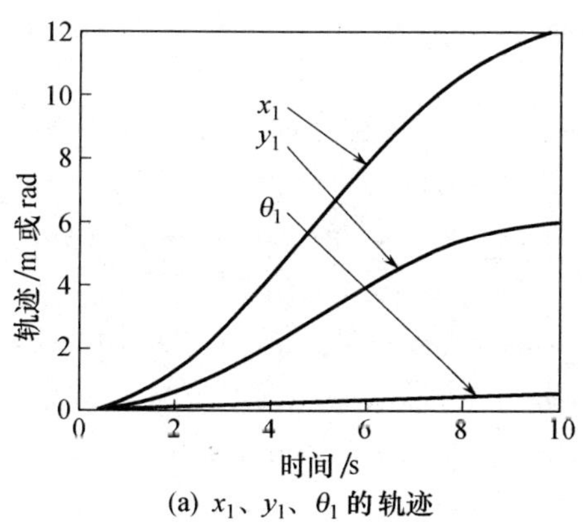

(a) $x_1$、$y_1$、$\theta_1$ 的轨迹

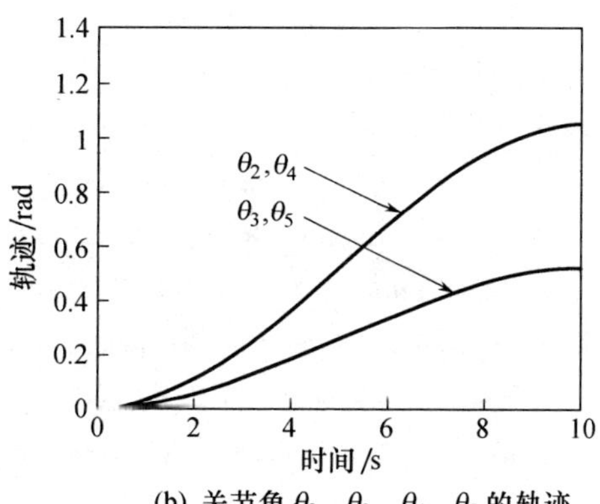

(b) 关节角 $\theta_2$、$\theta_3$、$\theta_4$、$\theta_5$ 的轨迹

图7－2 三次多项式轨迹

利用简单的PD控制方法(在控制中未考虑抑制振动的问题)，对机器人跟踪这两条轨迹的情况分别进行仿真，得到两柔性臂末端的振动情况如图7－3

所示，其中实线为跟踪优化轨迹的仿真结果，虚线为跟踪3次多项式型轨迹的仿真结果。跟踪优化轨迹时左右两臂的振动范围为[−0.073 6 m，0.027 6 m]和[−0.006 8 m，0.098 3 m]，而对三次多项式轨迹则为[−0.207 3 m，0.154 7 m]和[−0.092 7 m，0.222 1 m]。仿真结果显示本章所述轨迹优化方法取得了良好的振动抑制效果。

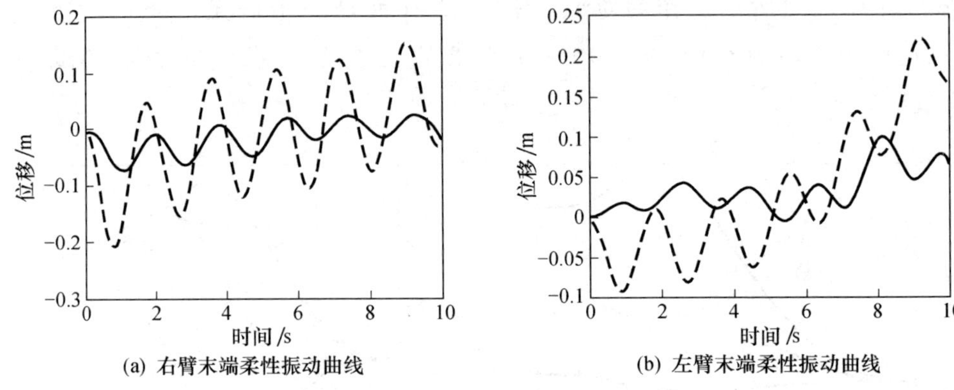

(a) 右臂末端柔性振动曲线　　(b) 左臂末端柔性振动曲线

图7-3　柔性臂末端振动曲线

## 参考文献

[1] 孙家广，杨长贵. 计算机图形学(新版). 北京：清华大学出版社，1995:284-294.

[2] Kennedy J, Eberhart R. Particle swarm optimization. Proc IEEE Int Conf Neural Networks, 1995: 1942-1948.

[3] Eberhart R, Kennedy J. A new optimizer using particle swarm theory. Proc 6th Int Symposium on Micro Machine and Human Science, 1995:39-43.

[4] Yuhui Shi, Eberhart R. A modified particle swarm optimizer. Proc IEEE Int Conf Evolutionary Computation, 1998:69-73.

[5] Clerc M. The swarm and the queen: towards a deterministic and adaptive particle swarm optimization. Proc. of the Congress on Evolutionary Computation, 1999:1951-1957.

[6] Hussein A M, Elnagar A. A low cost path planer in unknown environments for autonomous mobile robots. Proc IEEE International Symposium on Computational Intelligence in Robotics and Automation, 2003, 2:724-728.

[7] Ray T, Liew K M. A swarm with an effective information sharing mechanism for unconstrained and constrained single objective optimization problems. Proc IEEE Int Conf Evolutionary Computation, 2001: 75-80.

# 第8章 柔性臂机器人控制

柔性臂机器人，尤其是空间多臂柔性机器人系统是高度非线性、强耦合的动力学系统，其动力学控制是比较复杂和困难的问题。目前研究柔性单臂空间机器人的建模与控制问题[1-3]的文献较多，讨论空间柔性多臂机器人系统控制方法的则相对较少[4]。

本章首先针对复杂的柔性双臂空间机器人系统，根据所建立的系统动力学模型，讨论轨迹跟踪控制的逆动力学结合 PD 控制的控制算法；其次针对末杆为柔性的柔性臂机器人，介绍一种神经网络控制方法。并分别给出了仿真实例。

## 8.1 逆动力学控制

通过控制对象的逆动力学实现非线性补偿，是实现非线性系统控制的一种良好方法。但因为逆动力学模型存在误差等原因，一般还需要结合 PD 控制来进行。本节针对一个柔性双臂空间机器人，介绍逆动力学结合 PD 控制的控制算法，讨论方法的稳定性，并进行仿真。

### 8.1.1 控制算法

将图 3-1 所示柔性双臂空间机器人系统的广义坐标分块为 $p=(p_a^{\mathrm{T}}, p_p^{\mathrm{T}})^{\mathrm{T}}$，其中，$p_a=(x_1, y_1, \theta_1, \theta_2, \theta_3, \theta_4, \theta_5)^{\mathrm{T}}$ 为刚性广义坐标，$p_p=(Q_3^{\mathrm{T}}, Q_5^{\mathrm{T}})^{\mathrm{T}}$ 为柔性广义坐标。则当末端自由时(即 $\tau_p=0$)，系统动力学方程的分解形式为

$$M_{aa}\ddot{p}_a+M_{ap}\ddot{p}_p+F_a=\tau_a \tag{8-1}$$

$$M_{pp}\ddot{p}_p+F_p+K_p p_p=-M_{pa}\ddot{p}_a \tag{8-2}$$

由于 $M_{pp}=\begin{bmatrix}\int_0^{l_3}\rho\varphi_3^{\mathrm{T}}\varphi_3\mathrm{d}x & 0\\ 0 & \int_0^{l_5}\rho\varphi_5^{\mathrm{T}}\varphi_5\mathrm{d}x\end{bmatrix}$ 显然非奇异，由式(8－2)可得柔性振动加速度为

$$\ddot{p}_p=-M_{pp}^{-1}(M_{pa}\ddot{p}_a+F_p+K_pp_p) \tag{8-3}$$

将式(8－3)代入式(8－1)有

$$(M_{aa}-M_{ap}M_{pp}^{-1}M_{pa})\ddot{p}_a+F_a-M_{ap}M_{pp}^{-1}(F_p+K_pp_p)=\tau_a \tag{8-4}$$

式(8－4)明显反映了由于柔性振动量的影响，刚性状态量的动力学方程所发生的变化。注意到 $\begin{pmatrix}M_{aa} & M_{ap}\\ M_{ap} & M_{pp}\end{pmatrix}\begin{pmatrix}I & 0\\ -M_{pp}^{-1} & I\end{pmatrix}=\begin{pmatrix}(M_{aa}-M_{ap}M_{pp}^{-1}M_{pa} & M_{ap}\\ 0 & M_{pp}\end{pmatrix}$。质量矩阵 $M$ 是正定的，因此可以证明等效的质量矩阵$(M_{aa}-M_{ap}M_{pp}^{-1}M_{pa})$是非奇异的。

定义 $u_0$ 为关节角度的加速度矢量，即 $u_0=\ddot{p}_a$，代入式(8－4)得

$$\tau_a=(M_{aa}-M_{ap}M_{pp}^{-1}M_{pa})u_0+F_a-M_{ap}M_{pp}^{-1}(F_p+K_pp_p) \tag{8-5}$$

其中，$M_{aa}-M_{ap}M_{pp}^{-1}M_{pa}$ 为系统的解耦矩阵，是对系统的非线性补偿。

这样控制律将闭环系统式(8－4)分解成两个线性方程形式，即

$$\ddot{p}_a=u_0 \tag{8-6}$$

$$\ddot{p}_p=-M_{pp}^{-1}(M_{pa}u_0+F_p+K_pp_p) \tag{8-7}$$

为实现对关节角度期望轨迹的精确跟踪，加入误差反馈部分，定义关节角度的加速度矢量为

$$u_0=\ddot{p}_{ad}-K_D(\dot{p}_a-\dot{p}_{ad})-K_P(p_a-p_{ad}) \tag{8-8}$$

其中，$K_D>0$，$K_P>0$ 是反馈矩阵，确保刚性方程式(8－6)的解落在左半复平面上。式(8－6)～式(8～8)是逆动力学非线性补偿结合 PD 反馈的逆动力学控制方法，控制流程如图 8－1 所示。

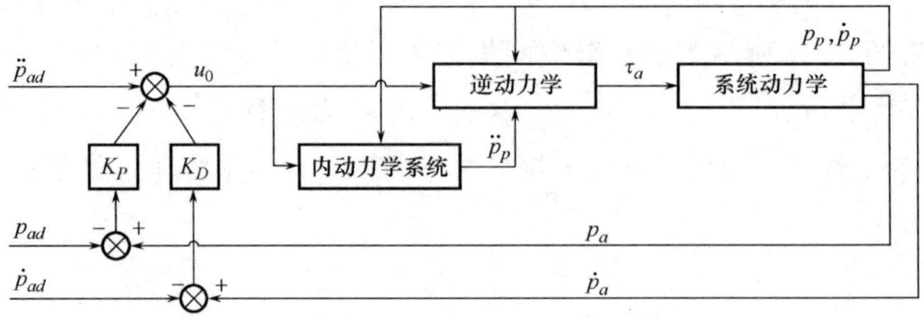


图 8－1 控制流程框图

### 8.1.2 逆动力学控制算法稳定性分析

该逆动力学控制器式(8-5)可行的前提是隐含的内动力学系统式(8-7)是稳定的。可以通过检验“零动力学”系统的稳定性来检验这个前提条件成立与否。令$p_a=p_{ad}$，$\tau_a=0$，则式(8-7)化简为

$$\ddot{p}_p=-M_{pp}^{-1}(F_p+K_p p_p) \tag{8-9}$$

零动力学系统式(8-9)渐进稳定是保证闭环系统至少局部稳定的充分条件。因此要证明整个闭环系统稳定，只需证明零动力学系统是渐进稳定的即可。

定理：状态$p_p=\dot{p}_p=0$是零动力学系统的渐进平衡点。

证明：应用Lyapunov直接法，选取基于能量的Lyapunov函数为

$$V=\frac{1}{2}\dot{p}_p^{\mathrm{T}}M_{pp}\dot{p}_p+\frac{1}{2}p_p^{\mathrm{T}}Kp_p \tag{8-10}$$

取关于时间的一阶导数为

$$\dot{V}=\dot{p}_p^{\mathrm{T}}M_{pp}\ddot{p}_p+\frac{1}{2}\dot{p}_p^{\mathrm{T}}\dot{M}_{pp}\dot{p}_p+p_p^{\mathrm{T}}K\dot{p}_p \tag{8-11}$$

将式(8-9)代入式(8-11)有

$$\dot{V}=-\dot{p}_p^{\mathrm{T}}F_p+\frac{1}{2}\dot{p}_p^{\mathrm{T}}\dot{M}_{pp}\dot{p}_p=-\frac{1}{2}\dot{p}_p^{\mathrm{T}}(2C_p-\dot{M}_{pp})\dot{p}_p \tag{8-12}$$

注意到$F_p=C_p\dot{p}_p$及$\dot{M}_{pp}-2C_p$是斜对称阵，因此

$$\dot{V}=-\frac{1}{2}\dot{p}_p^{\mathrm{T}}(C_p-\dot{M}_{pp})\dot{p}_p\leqslant 0 \tag{8-13}$$

为了说明渐进稳定性，注意到要使$\dot{V}=0$，当且仅当$\dot{p}_p=0$，此时零动力学系统式(8-9)成为$\ddot{p}_p=-M_{pp}^{-1}K_p p_p$，这在$p_a=0$处隐含着最大的不变量集$p_p=\dot{p}_p=0$，根据LaSalle不变集原理，结论得证。

在轨迹跟踪$\dot{p}_a\neq 0$的情况下，考虑一种简单的情况，质量矩阵$M$不依赖于$p_p$。当逆动力学控制律式(8-6)、式(8-8)使$p_a=p_{ad}$，由式(8-9)柔性变量满足如下的线性时变方程：

$$\ddot{p}_p=f_{p_p}(t)-A_2(t)\dot{p}_p-A_1(t)p_p \tag{8-14}$$

其中，$f_{p_p}(t)=-M_{pp}^{-1}(p_{ad})(f_p(p_{ad})+M_{pa}(p_{ad})\ddot{p}_{ad})$是形式已知的时间函数，因而

$$A_1(t)=-M_{pp}^{-1}(p_{ad})K \tag{8-15}$$

$$A_2(t)=-M_{pp}^{-1}(p_{ad})D \tag{8-16}$$

这样，只要整个时变函数是有界的，在轨迹跟踪过程中系统的稳定性就能得到保证。因此状态 $p_p=\dot{p}_p=0$ 是零动力学系统的渐进稳定平衡点，因此整个闭环系统是稳定的。

### 8.1.3 逆动力学控制仿真

为验证控制算法的效果，针对如图 3 - 1 所示柔性双臂空间机器人进行如下仿真。系统各杆的长度及质量见表 8 - 1。柔性杆的弹性模量为 $EI_3=EI_5=10\ 000\ \mathrm{N/m^2}$。基座与杆 1 之间的扭角为 $\alpha=\pi/4$。

**表 8 - 1 系统物理参数**

| 项目 | 杆 1 | 杆 2 | 杆 3 | 杆 4 | 杆 5 |
|---|---|---|---|---|---|
| 质量(kg) | 40 | 2 | 10 | 2 | 10 |
| 杆长(m) | 2 | 2 | 10 | 2 | 10 |

分别设定柔性双臂空间机器人整体移动和手臂操作的两种典型轨迹进行控制仿真。

给定期望轨迹 1：

$$x_1=2y_1=\begin{cases}t^2, & 0\leqslant t<2\ \mathrm{s}\\ 4t-4, & 2\mathrm{s}\leqslant t<3\ \mathrm{s},\\ -t^2+10t-13, & 3\mathrm{s}\leqslant t\leqslant 5\ \mathrm{s}\end{cases}$$

$$\theta_1=\begin{cases}\dfrac{\pi}{48}t^2, & 0\leqslant t<2\ \mathrm{s}\\ \dfrac{\pi}{12}t-\dfrac{\pi}{12}, & 2\ \mathrm{s}\leqslant t<3\ \mathrm{s}\\ -\dfrac{\pi}{48}t^2+\dfrac{5\pi}{24}t-\dfrac{13\pi}{48}, & 3\ \mathrm{s}\leqslant t\leqslant 5\ \mathrm{s}\end{cases}$$

$$\theta_2=\theta_3=\theta_4=\theta_5=0,\quad 0\leqslant t\leqslant 5\ \mathrm{s}$$

即手臂保持不动，本体从(0,0)沿直线运动到(12,6)，且旋转 45°。

给定期望轨迹 2：

$$x_1=y_1=\theta_1=0,$$

$$\theta_2=-\theta_4=-\frac{\pi}{12}\cos\frac{\pi t}{5}+\frac{\pi}{12},$$

$$\theta_3=-\theta_5=\frac{\pi}{4}\cos\frac{\pi t}{5}+\frac{\pi}{4},\ 0\leqslant t\leqslant 30\ \mathrm{s}$$

即本体保持不动,手臂各关节作三角函数运动。

仿真的积分参数为:仿真步长 $h=0.001$ s,仿真精度 eps=0.000 02。仿真是对系统实施简单的 PD 控制,参数为 $K_P=\text{diag}(5.0,5.0,10.0,10.00,10.0,10.0,10.0)$,$K_D=\text{diag}(7.0,7.0,3.0,10.00,10.0,10.0,10.0)$。

当给定理想轨迹 1 时,仿真结果如图 8－2～图 8－4 所示。图 8－2 是 $x$、$y$、$\theta_1$ 的期望轨迹和实际轨迹;图 8－3 是 $\theta_2$、$\theta_3$、$\theta_4$、$\theta_5$ 的误差,绝对误差在 $10^{-5}\sim10^{-6}$ 量级;图 8－4 是 $x$、$y$、$\theta_1$ 的误差,绝对误差在 $10^{-4}$ 量级,相对误差在 $10^{-5}\sim10^{-6}$ 量级。

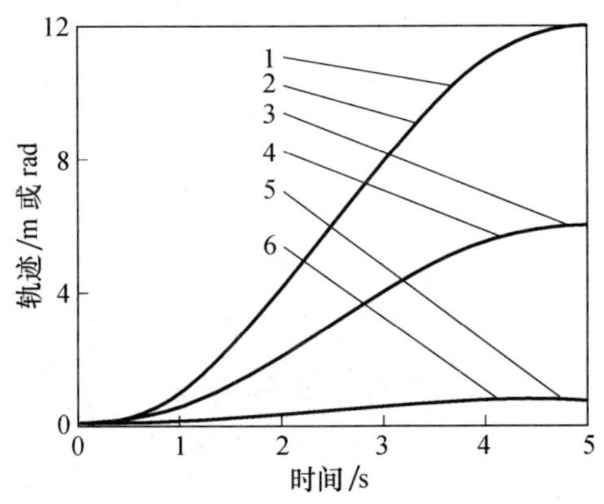


图 8－2 $x$、$y$、$\theta_1$ 的理想轨迹和实际轨迹

1:$x$ 的理想轨迹 2:$x$ 的实际轨迹

3:$y$ 的理想轨迹 4:$y$ 的实际轨迹

5:$\theta_1$ 的理想轨迹 6:$\theta_1$ 的实际轨迹

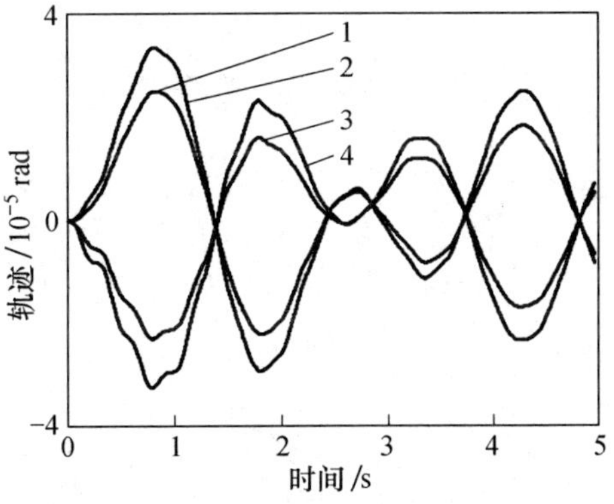

图 8－3 $\theta_2$、$\theta_3$、$\theta_4$、$\theta_5$ 的实际轨迹

1:$\theta_2$ 的实际轨迹 2:$\theta_3$ 的实际轨迹

3:$\theta_4$ 的实际轨迹 4:$\theta_5$ 的实际轨迹

当给定理想轨迹 2 时,仿真结果如图 8－5～图 8－8 所示。系统的控制精度和跟踪性能与跟踪期望轨迹 1 相似,并且对于长时间的周期性期望轨迹跟踪控制也能具有很好的控制精度和稳定性。

从轨迹跟踪效果和误差来看,仿真结果表明本节所介绍的逆动力学结合 PD 控制的控制算法可实现柔性双臂空间机器人的轨迹跟踪控制。

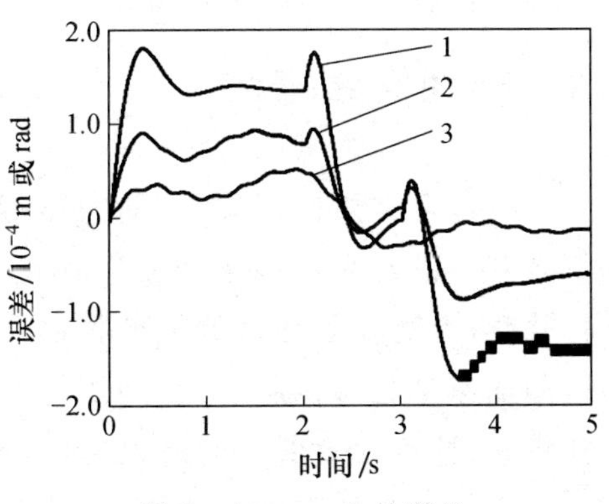


图 8－4 $x$、$y$、$\theta_1$ 的误差

1:$x$ 的误差 2:$y$ 的误差 3:$\theta_1$ 的误差

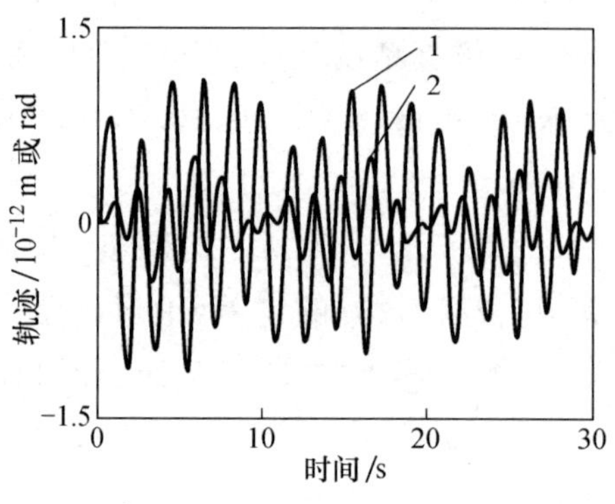


图 8-5 $x$、$\theta_1$ 的实际轨迹

1:$x$ 的实际轨迹 2:$\theta_1$ 的实际轨迹

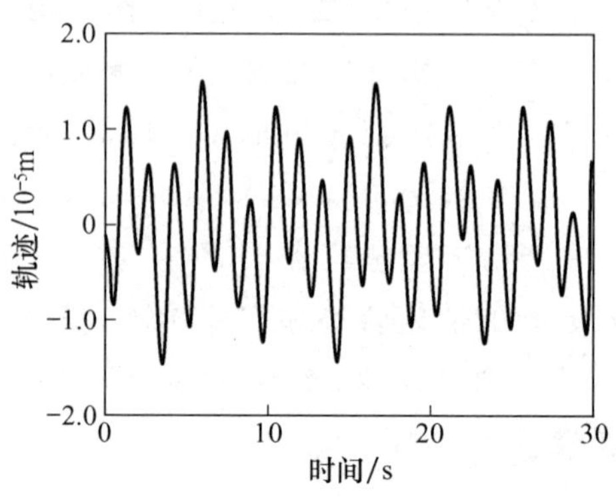


图 8-6 $y$ 的实际轨迹

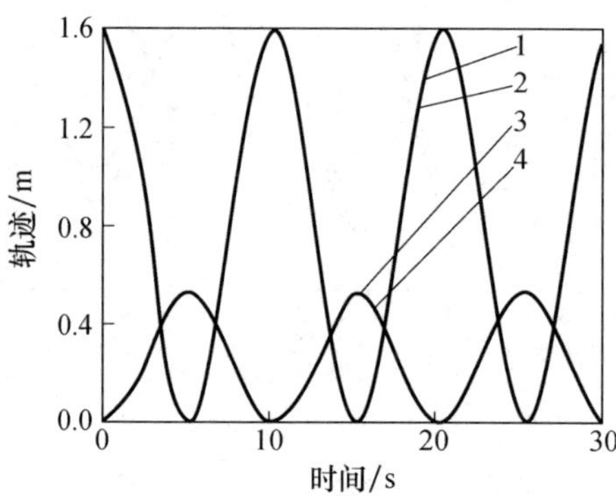


图 8-7 $\theta_2$、$\theta_3$ 的理想轨迹和实际轨迹

1:$\theta_3$ 的理想轨迹 2:$\theta_3$ 的实际轨迹

3:$\theta_2$ 的理想轨迹 4:$\theta_2$ 的实际轨迹

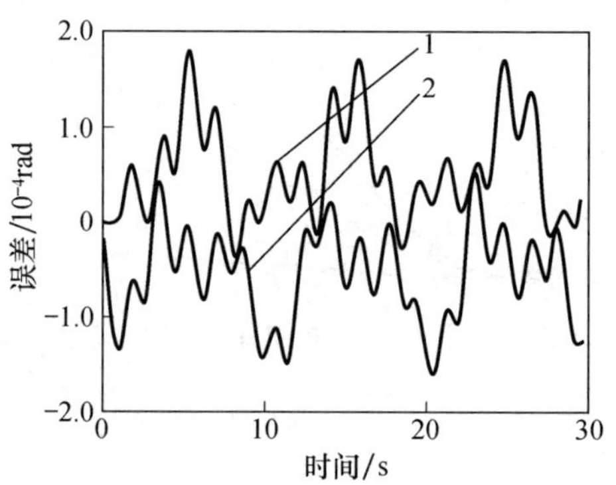


图 8-8 $\theta_2$、$\theta_3$ 的误差

1:$\theta_2$ 的误差 2:$\theta_3$ 的误差

## 8.2 神经网络控制

由于包含有柔性部件,其动力学行为十分复杂,柔性机器人的控制成了一个难题。机器人控制中通常采用的 PID 控制,由于没有对非线性动力学进行补偿,无法在柔性机器人的控制中取得满意效果。其他常规控制方法,如运动加速度分解控制、计算力矩控制等,也都因为柔性机器人动力学模型非常复杂、计算效率低下而难以实现[5]。

许多学者开始考虑采用智能控制方法,如专家控制、模糊控制和神经网络控制等。但目前见诸文献的神经网络控制方法,一般都还只能对两杆刚性机器人或单杆柔性机器人进行仿真[6]。主要原因在于对于结构更复杂的机器人,所需神经网络的规模更大,其学习收敛所需时间急剧增加,难以实际操作。

因此,笔者认为要实现柔性臂机器人的实时控制,应从两方面下手:一是建立精度尽可能好,保证计算效率满足实时控制要求的动力学模型;二是研究不完全依赖于模型,甚至无须模型进行控制的,适合于柔性臂机器人实时控制的智能控制方法。

本节介绍一种适用于末杆为柔性杆的柔性臂机器人神经网络控制方法。该方法将末杆为柔性杆的机器人看成刚性前端和柔性末端两部分,先通过神经网络将末端的期望轨迹实时分解成末关节转角及末关节轴轴线方向和轴上参考点位置的期望轨迹,再使用传统的机器人控制方法分别闭环控制末关节位姿及转角,并对整体闭环的神经网络进行控制。该方法的特点是将传统的基于模型的控制方法和神经网络方法有机地结合在一起,利用神经网络解决了柔性机器人动力学模型高度非线性、计算效率低的问题,又大大缩小了神经网络规模,克服了神经网络收敛速度慢、占用很大存储空间等问题。

## 8.2.1 分块策略及动力学模型

如图 8-9 所示,将末杆为柔性的机器人看成刚性前端和柔性末端两部分。从基座到倒数第二杆归为刚性前端部分。在对刚性前端进行建模时,把柔性末端部分看成刚性前端的负载。柔性末端部分则包含末关节及末杆,它并不等于普通的单杆柔性臂,而是相当于一个动基座(即运动着的末关节,其自由度数由刚性前端决定)的单杆柔性机器人。

本节以末杆为柔性的三杆平面柔性机器人为例来建立刚性前端的动力学模型。刚性前端如图 8-10 所示,其中 $q$、$m$、$l$ 和 $d$ 分别指关节角、杆的质

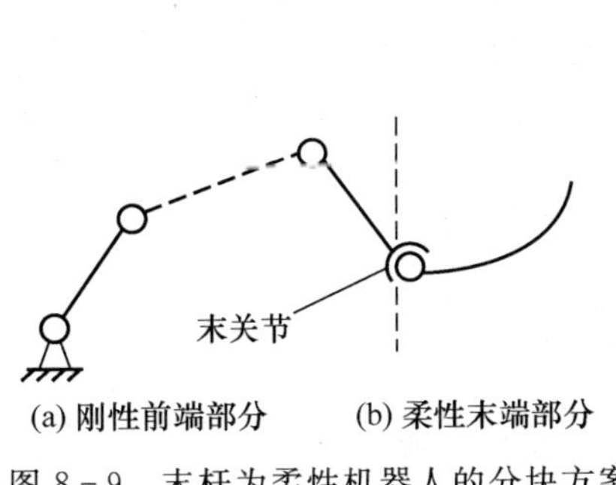

图 8-9 末杆为柔性机器人的分块方案

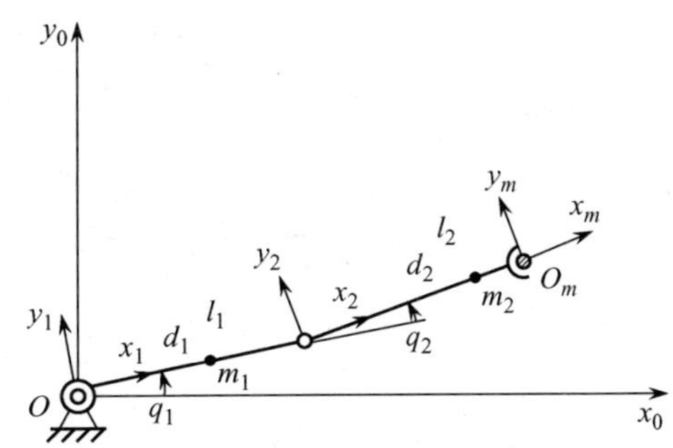

图 8-10 刚性前端坐标示意

量，杆长和杆的质心到坐标原点的距离（由下标指示关节号或杆号），$x_0O_0y_0$ 指固定于机器人基座的固定坐标系。把柔性末端部分看成刚性前端的负载，则刚性前端部分的动力学方程就等同于普通刚性机器人的动力学方程，可使用拉格朗日法或其他方法建立，其封闭形式为

$$H(q)\ddot{q}+h(q,\dot{q})+G(q)=\tau \tag{8-17}$$

其中，$q=(q_1,q_2)^{\mathrm{T}}$ 为关节转角坐标向量，$\tau=(\tau_1,\tau_2)^{\mathrm{T}}$ 为关节驱动力矩向量。$H(q)$ 为广义惯性矩阵，$h(q,\dot{q})$ 为哥氏力和惯性力等力向量，$G(q)$ 则包含了重力影响。若考虑机器人在水平面内运动时，重力不直接影响机器人运动，则 $G(q)=0$ 为零阵。

为简化计算，本节采用第2章所介绍的子杆法来建立柔性末端部分的动力学方程。如图8-11所示建立坐标及定义相应参数，用三段虚拟刚性子杆及两个被动关节来模拟柔性末杆。其中，$q$、$m$ 和 $l$ 分别指关节角、杆的质量和杆长（此处即虚拟子杆长度，下标用于指示关节号或杆号）。$x_my_mz_m$ 为末关节坐标系，它与图8-10所示刚性前端坐标示意图中的 $x_mO_my_m$ 为同一坐标系，$x_0y_0z_0$ 也同图8-10一样指固定于机器人基座的固定坐标系。$X_m$、$\theta_m$ 和 $V_m$、$\omega_m$ 分别为末关节相对于机器人基座的位置、姿态（即转角）向量和末关节的线速度、角速度向量，它们之间为导数关系，进一步对 $V_m$ 和 $\omega_m$ 求导可得末端关节的线加速度和角加速度向量。对柔性末端建模时，末关节即相当于柔性末端的基座。

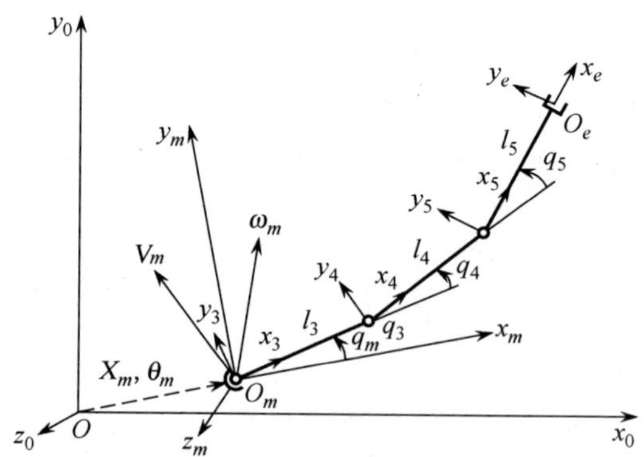


图8-11　柔性末端坐标示意

使用拉格朗日法，写出各部分及总的动能和势能表达式，代入拉格朗日方程可建立柔性末端部分的动力学方程，即

$$H(V_m,\omega_m,q,\dot{q})\ddot{q}+h(\dot{V}_m,\dot{\omega}_m,q,\dot{q})+Kq=\tau \tag{8-18}$$

其中，$q=(q_m,q_4,q_5)^{\mathrm{T}}$，$\tau=(\tau_m,0,0)^{\mathrm{T}}$，$K=\begin{bmatrix}0 & 0 & 0\\0 & k_4 & 0\\0 & 0 & k_5\end{bmatrix}$，$k_4$、$k_5$为虚拟被动关节处的扭簧弹性系数，"·"指对时间求一次导数，"··"指对时间求两次导数。

本节建立柔性末端部分动力学方程的目的和用途是在仿真中通过动力学计算来获得神经网络的学习样本。对于实际的机器人控制，如可以通过实际测量来获得神经网络的学习样本，则无需建立柔性末端部分的动力学模型。

### 8.2.2 神经网络控制方案

神经网络机器人控制有许多的结构形式。考虑到许多柔性机器人只是末杆为柔性，针对这种类型的柔性机器人，本节介绍的柔性机器人神经网络控制方案的总体结构由 4 部分组成，如图 8-12 所示。其中各部分的功能和作用分别如下：

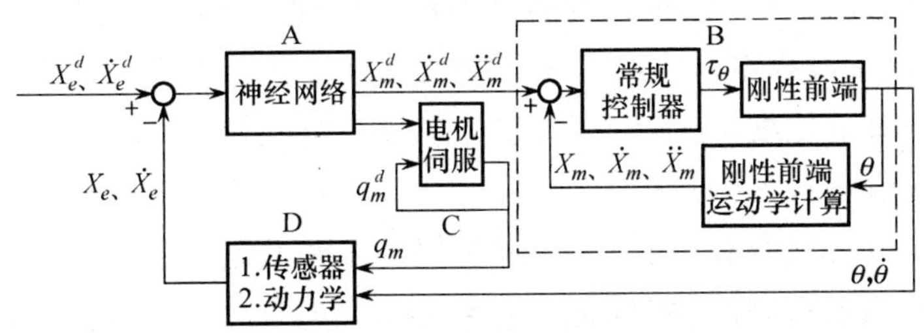


图 8-12 柔性机器人整体控制结构

A 部分是一个神经网络分解控制器，把对末端的期望轨迹变换成末关节位姿及转角的期望轨迹。这可以使用一个多层前向神经网络来实现，该神经网络事先通过学习逼近柔性末端部分的逆模型，实际控制时即可迅速完成所需的计算任务。

B 部分是一个完整的刚性机器人闭环控制器，对刚性前端进行控制，实现末关节位姿的期望轨迹。其具体实现可采用 PID 控制、运动加速度分解控制、计算力矩控制或神经网络控制等多种方案。

C 部分是一个关节转角控制器，对末关节进行伺服控制，实现末关节转角及其速度的期望轨迹。

D 部分用于实时监测机器人末端的位置及速度等，得到最终闭环所需的反馈量。它的具体实现可以有动力学计算、传感器或两者相结合、智能方法等多种方法，如 CCD 摄像头、红外收发器[7]等传感器来实现，或根据各关节变量通过正运动学计算来实现。

基于上述控制结构，仍使用传统的基于模型的控制器进行刚性前端的控制，实现对机器人末关节位姿的轨迹控制，并使用一个多层前向神经网络逼近柔性末端部分的逆模型。这样，把机器人末端的期望轨迹输入神经网络就实时分解得到了对机器人末关节位姿及转角的轨迹要求，通过对刚性前端的内部闭环控制实现末关节位姿的轨迹要求，同时通过电机伺服控制实现末关节转角的轨迹要求，再通过传感器或运动学、动力学计算等方法获得末端位姿的反馈量，最终就可实现柔性机器人末端的闭环轨迹跟踪控制。

### 8.2.3 学习样本

本节介绍的柔性机器人新型神经网络控制结构的 A 部分，就是要使用一个 BP 神经网络逼近机器人柔性末端部分的逆模型，以完成其分解控制器的作用。这就需要给 BP 神经网络提供符合柔性末端部分逆模型的输入/输出向量对，即学习样本。学习样本可以是对机器人实施简单控制、实际测量所需的诸如关节速度，末端位姿等量来获得。如实测有困难，则可通过动力学计算的方法来获得学习样本。

先指定零时刻所有初值，由任意规划的末端轨迹，通过机器人柔性末端部分的运动学逆解，按一定间隔逐点算得 $q_m$、$\theta_m$、$\omega_m$、$\dot{\omega}_m$、$X_m$、$V_m$、$\dot{V}_m$诸值，代入柔性末端部分的动力学方程解得 $\tau_m$、$\ddot{q}_4$、$\ddot{q}_5$，数值积分得 $q_4$、$q_5$，再解得 $X_e$，数值微分得 $\dot{X}_e$，这就通过计算得到了训练 BP 神经网络逼近柔性末端部分逆模型所需的学习样本。

该神经网络作为控制器时，输入为 $X_e$、$\dot{X}_e$，输出为 $\theta_m$、$\omega_m$、$\dot{\omega}_m$、$X_m$、$V_m$、$\dot{V}_m$、$\tau_m$、$q_m$等(可视 B 部分常规控制器的需要而定)，因此如图 8－13 所示，采用 BP 学习算法，利用所求得的学习样本即可完成

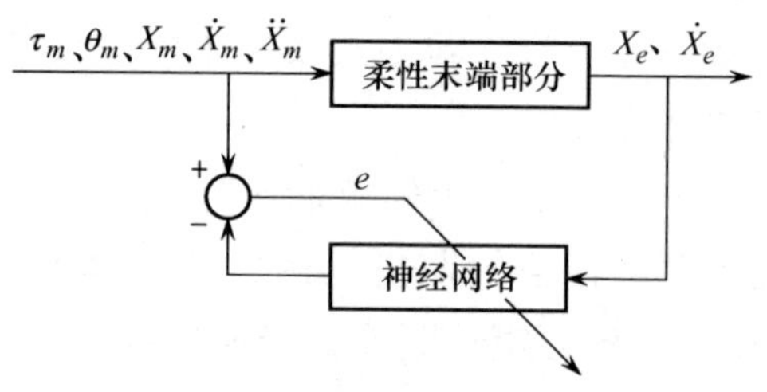


图 8－13 神经网络学习结构

对神经网络的训练。

BP 神经网络对柔性末端部分逆模型的学习收敛之后，即可作为实时控制器使用，对它输入为 $X_e$ 和 $\dot{X}_e$，可迅速计算得到输出 $\theta_m$、$\omega_m$、$\dot{\omega}_m$、$X_m$、$V_m$、$\dot{V}_m$、$\tau_m$、$q_m$ 等量（可视 B 部分常规控制器的需要而定）。

### 8.2.4 神经网络控制仿真

本节以一个末杆为柔性的平面三杆机器人为例，进行了基于上述神经网络控制算法的轨迹跟踪控制仿真。该机器人两根圆截面刚性杆的各项物理参数如表 8－2 所示，机器人柔性末杆的物理参数如表 8－3 所示。

**表 8－2 刚性杆件物理参数**

| 杆长 $L$/m | 弹性模量 $E$/GPa | 材料密度 $\rho$/kg · m$^{-3}$ | 圆截面半径 $b$/m |
| --- | --- | --- | --- |
| 1.0 | 71 | 2 710 | 0.007 5 |

**表 8－3 柔性末杆物理参数**

| 杆长 $L$/m | 杨氏模量 $E$/N · m$^{-2}$ | 材料线密度 $\rho_l$/kg · m$^{-1}$ | 截面惯性矩 $I$/m$^4$ |
| --- | --- | --- | --- |
| 1.5 | $2.0\times10^{11}$ | 0.8 | $1.0\times10^{-10}$ |

控制刚性前端的常规控制器采用分解运动速度控制，因此神经网络需要 6 个输入单元对应于机器人末端位置及线速度向量 $X_e$ 和 $\dot{X}_e$，7 个输出单元对应于机器人末关节的位置、线速度向量和转角 $X_m$、$\dot{X}_m$ 和 $q_m$。仿真中采用 3 层 BP 神经网络，具有一个含 5 个隐单元的隐层，隐单元均采用 Sigmoid 型激励函数，输入/输出层的神经元则采用纯线性变换函数。

为求取训练神经网络所需的学习样本，随意指定 3 个关节角的运动规律为

$$q_1 = q_2 = q_3 = \frac{\pi}{6}\sin(\pi t) \quad (0 \leqslant t \leqslant 2\ \text{s}) \tag{8-19}$$

从中均匀选取 1 000 个样本点（即每 2 ms 一个点），采用无冲量的 BP 学习算法，取学习率为 0.1 对神经网络进行训练。循环使用所得的 1 000 个样本在 PC586 上训练 800 万次后，如误差曲线图 8－14 所示，平均误差已小于 0.4%。神经网络已经效果非常好地逼近了柔性末端部分的动力学逆模型。

为验证控制效果，设定的机器人末端期望轨迹为（该轨迹保证了机器人在起末点处，速度均为零）

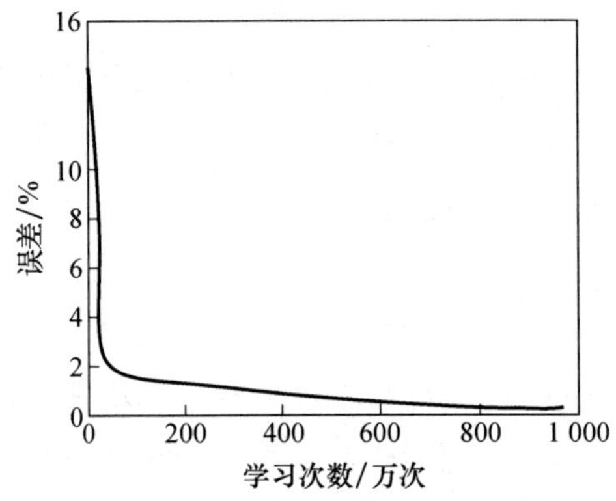


图8-14　神经网络逼近平均误差曲线

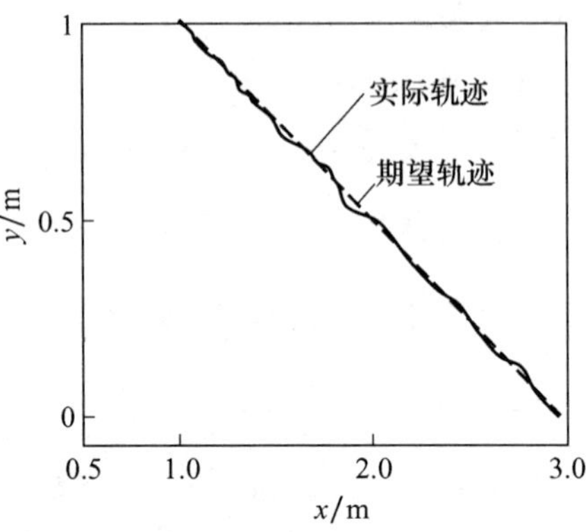


图8-15　机器人末端轨迹示意

$$x_e^d = 3 - y_e^d = \begin{cases} 3-2t^2, & 0 \leqslant t \leqslant 0.5\ \mathrm{s} \\ 4-4t+2t^2, & 0.5\ \mathrm{s} < t \leqslant 1\ \mathrm{s} \end{cases} \tag{8-20}$$

即机器人末端在运动平面内沿斜线 $y=3-x$,从(3,0)点运动到(2,1)点,并保持末杆姿态为水平。控制器的A部分和C部分采样时间设为5 ms,而B部分为10 ms。

仿真的结果如图8-15～图8-17所示。其中图8-15为机器人末端轨迹示意,实线代表实际轨迹,虚线代表期望轨迹。而图8-16和图8-17分别为机器人末端在 $x$ 方向和 $y$ 方向上的误差响应曲线。由图可知,机器人末端 $x$ 方向轨迹跟踪误差峰值仅为7.9 mm,$y$ 方向轨迹跟踪误差峰值也不超过15 mm,实际轨迹和期望轨迹的对比也可见,机器人末端实际轨迹始终紧密环绕在期望轨迹周围。因此本节介绍的神经网络控制方法可末杆为柔性的平面三杆机器人的控制仿真中取得较好的轨迹跟踪控制效果。

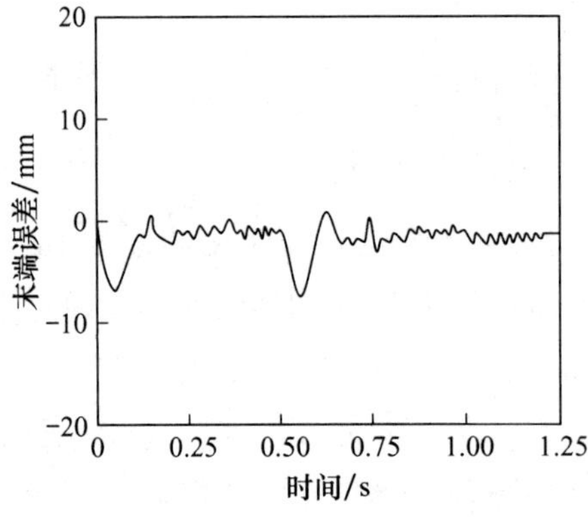

图8-16　机器人末端 $x$ 向跟踪误差响应

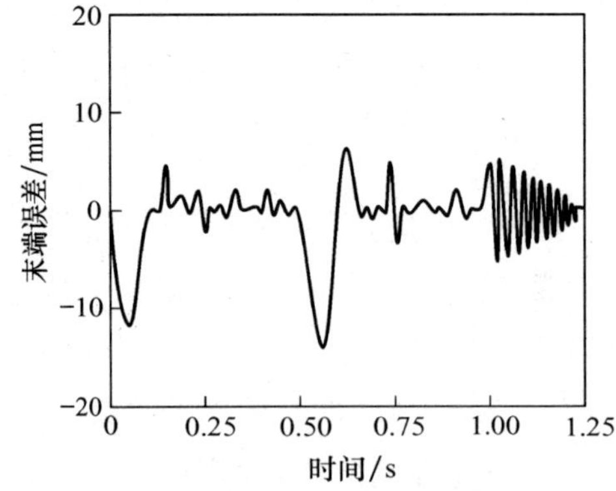


图8-17　机器人末端 $y$ 向跟踪误差响应

# 参考文献


[1] Senda K, Murotsu Y. Methodology for control of a space robot with flexible links. IEEE Proc Control Theory and Applications, 2000, 147(6):562 - 568.

[2] 丁希伦,王树国,蔡鹤皋.空间机器人柔性臂的动力学轨迹跟踪控制,机器人,1997,4:256 - 258.

[3] Meirovitch L, Chen Y. Trajectory and control optimization for flexible space robots. J Guidance, Control and Dynamics, 18(3):493 - 502.

[4] Wu Licheng, Sun Fuchun, Sun Zengqi et al. Dynamic modeling, control and simulation of flexible dual-arm space robot. Proc IEEE Region 10 Conf Computers, Communications, Control and Power Engineering (IEEE TENCON'02), 2002, 3:1282 - 1285.

[5] 樊晓平,徐建闽,周其节等.柔性机器人的动力学建模及其控制,控制理论与应用,1997,14(3):318 - 328.

[6] Sameer M Prabhu, Devendra P Garg. Artificial neural network based robot control: an overview. J Intelligent & Robotic Systems, 1996, 15:333 - 365.

[7] Talebi H A, Khorasani K, Patel R V. Neural network based control schemes for flexible-link manipulators: simulations and experiments. IEEE Trans Neural Networks, 1998, 11:1357 - 1377.

# 索引